© Alejandro Martínez Abraín, 2019.
© Ediciones Rodeno, 2019.
C/ Subida al fuerte, 4. 46400 Cullera, Valencia.
www.edicionesrodeno.com
Foto portada: Shutterstock / Drakuliren

V-3658-2018
ISBN: 978-84-946709-5-4

Impreso en Imprenta Romeu, S.L.
Calle 21, número 100, 46470 Catarroja, Valencia.

Impreso en papel proveniente de bosques gestionados de manera responsable, certificado con la Etiqueta Ecológica Europea. EU Ecolabel: FR/011/003 y la etiqueta Ángel Azul.

ALEJANDRO MARTÍNEZ ABRAÍN

UNA GOLONDRINA NO HACE PRIMAVERA

*Reflexiones para amantes de la naturaleza…
incluida la humana*

A Bibi

Índice General

PRESENTACIÓN (Mentes inquisitivas por Rafael Serra)   9
PRÓLOGO (Alegato en la despedida a *El Detective Ecológico* por Carlos M. Herrera)   11
INTRODUCCIÓN   17

PARTE I. CONSERVACIÓN

1. *Pax Romana*: la salida del refugio   21
2. Ríos de vida   26
3. Espacios ¿protegidos o no?   31
4. ¿De profesión invasora?   36
5. Chivos expiatorios   41
6. Pensamiento metapop   47
7. Manual de malas prácticas en conservación   52

PARTE II. ECOLOGÍA

8. Con los pies en el suelo   57
9. ¿Compensa o no compensa?   62
10. Depredar ¿sinónimo de regular?   67
11. Geo-bio revisitado   73
12. Sobre el nicho ecológico   78
13. Tramposos   83
14. ¿A quién avisa el avisador?   89
15. Viento   95

PARTE III. EVOLUCIÓN

16. Desde Darwin   101
17. Evolución *pinball*   108
18. Longevos   113
19. El tercer ojo   118

PARTE IV. EL SER HUMANO EN LA BIOSFERA

20. ¿El estigma de la biosfera?	123
21. Desacoplados	129
22. *Anthrôpos*	135
23. Pequeños mundos	140
24. Tendiendo puentes	144
25. Fauna urbanizada	149
26. El ecologismo como religión natural	154
27. El fracaso de la educación ambiental	160
28. Lleno de gente	165
29. *Humanland*	170
30. Mirando al futuro	175
EPÍLOGO	181
BIBLIOGRAFÍA	185
AGRADECIMIENTOS	191

PRESENTACIÓN

Mentes inquisitivas

Cumplida su misión, *El Detective Ecológico* se despidió de los lectores de *Quercus* en diciembre de 2018. Atrás quedaron más de un centenar de casos resueltos y dos libros que los compendian, a los que se suma este tercero con sus pesquisas finales. Nuestro detective, Alejandro Martínez-Abraín, no se encarga de resolver asesinatos y encarcelar villanos, sino de desentrañar misterios relacionados con las ciencias naturales. Un alto cometido para el que también es imprescindible poner en marcha esas pequeñas células grises a las que se refería el maestro Poirot. De hecho, el propio cerebro humano, su mezcla de antropoide primario y homínido evolucionado, le ha servido en varias ocasiones como fuente de inspiración. Pero también se ha ocupado de asuntos tan peliagudos como la flexibilidad ecológica de las especies, los procesos bioquímicos de la fotosíntesis, las estrategias para conservar la biodiversidad y la dinámica de poblaciones en aves marinas e incluso de los destellos que le asaltan cuando pasea por Mallorca, Galicia y la Albufera de Valencia, sus tres principales áreas de campeo.

Con todo ese bagaje ha ido formando una visión rompedora y muy sugerente de la naturaleza, justo lo que necesitamos en las páginas iniciales de cada número de *Quercus*. Allí reunimos algunas tribunas de reconocidos autores que desafían a las opiniones convencionales, por no decir a las verdades comúnmente aceptadas. Como toda ciencia, la biología de la conservación está sometida a constantes revisiones y en eso radica su grandeza. Carlos M. Herrera, que precedió a Alejandro en esas mismas páginas de la revista y firma el prólogo de este libro, también otorgó una visión original y desafiante a su sección fija Una imagen, mil palabras. Entre ambos nos descubrieron el tiempo profundo, las circunstancias siempre cambiantes y la miopía que padecemos al analizar los problemas desde una perspectiva demasiado cercana. La evolución es un largometraje y no podemos sacar conclusiones de las últimas escenas.

Así que, buena suerte a nuestro detective en su actual misión de científico y profesor universitario. Sus alumnos pueden considerarse afortunados. Sembrará en ellos la semilla de la duda, el afán por ir un poco más allá, el gusanillo de la heterodoxia. En definitiva, lo que hace avanzar al conocimiento humano, lo que nos define como protagonistas de nuestra propia historia. Eso es mucho más que aprobar exámenes, obtener títulos y ejercer una profesión. Promueve las mentes abiertas y la independencia de criterio. Algo que se parece mucho a la libertad.

Rafael Serra
Director de la revista *Quercus*

PRÓLOGO

Alegato en la despedida a *El Detective Ecológico*

> *"Felix, qui potuit rerum cognoscere causas"*
> Virgilio, Geórgicas, Libro II, 490.

Si feliz es quien puede conocer las causas de las cosas, no hay duda de que la sección *El Detective Ecológico* de la revista *Quercus* ha estado contribuyendo durante la última década a que sus lectores podamos ser un poquito más felices. Durante ese dilatado período su autor ha desgranado mensualmente observaciones, ideas e interpretaciones acerca de los organismos, el funcionamiento de los sistemas naturales, la evolución biológica y muchos otros temas, todos ellos relacionados con las ciencias naturales en su sentido más amplio. Han sido como sucesivas y finas capas de pensamiento que se han ido depositando lentamente para finalmente consolidarse, como si de sedimentos en el fondo del mar se tratase, en forma de dos volúmenes previos, *El Detective Ecológico* (2014) y *El Lenguaje de la Biosfera* (2016). Las últimas y más recientes capas de ese largo proceso de sedimentación intelectual las encontramos consolidadas en el presente volumen, el último de la trilogía, que al igual que los anteriores tengo el privilegio de prologar. Con este volumen se despide *El Detective Ecológico* y también este prologuista. Espero que el lector me perdone que en esta ocasión convierta mi prólogo en un alegato combativo.

Hemos aprendido por experiencia que a las velocidades que se estilan en el siglo XXI una década es un período muy largo, donde pueden caber grandes cambios sociales, ambientales o tecnológicos. Considerando únicamente los ambientales, la década de vida de *El Detective Ecológico* que viene a cerrarse con este libro ha estado marcada, por ejemplo, por la rotundidad incontestable de una aceleración en el cambio del clima, el ritmo de las extinciones y la galopante destrucción de hábitats naturales, especialmente en latitudes tropicales pero también en latitudes medias, donde la intensificación de la agricultura, ganadería y urbanización han empeorado las ya precarias perspectivas de los sistemas naturales. Este agravamiento reciente de la enfermedad planetaria que se ha dado en llamar "crisis de la biodiversidad" ha desencadenado respuestas en diversos sectores de la sociedad, entre ellos el estamento científico y académico en general. A pesar del tradicional conservadurismo temático de la ciencia ecológica, hemos visto incrementarse de manera explosiva la frecuencia de investigaciones dirigidas a la "resolución de problemas", como el cambio climático o la pérdida de biodiversidad (1). Pero durante la última década también se han producido cambios importantes en la práctica de la ciencia en general (2), a los que la ecología profesional no ha sido ajena. Merece la pena detenerse a examinar algunas consecuencias de estos cambios.

La transición experimentada por la ecología, de ser una ciencia eminentemente básica a una cada vez más utilitaria, suele justificarse en términos de beneficio social. El argumento parecería impecable en principio, pero cada vez afloran más razones para sospechar que el creciente utilitarismo de la ciencia ecológica puede en realidad estar incapacitándola para ofrecer las respuestas eficaces que la sociedad necesita para resolver los problemas ambientales que nos acucian. Paradójicamente, es su mismo utilitarismo lo que está restringiendo la capacidad de la ecología actual para obtener el conocimiento básico útil que permita resolver los problemas ambientales que se pretenden abordar. Los estudios de ecología básica centrados en la obtención de nuevas observaciones empíricas a nivel local o regional están perdiendo popularidad y prestigio, viéndose sustituidos por modelos globales abstractos y por análisis de información publicada previamente, generalmente obtenida con otros fines y a veces sesgada o de dudosa calidad (3, 4). El uso de las colecciones de historia natural para abordar cuestiones ecológicas ha aumentado drásticamente, justamente cuando su prestigio académico y la financiación necesaria para su supervivencia han caído en picado y difícilmente van a poder seguir jugando un papel para entender los cambios ambientales (5, 6). En biología de la conservación, los estudios empíricos de campo van disminuyendo mientras que aumentan las investigaciones basadas en modelos teóricos (7), raramente validados con datos reales tomados sobre el terreno. Lo que reflejan estas paradojas es, básicamente, un progresivo distanciamiento de la ecología utilitaria actual respecto a la naturaleza y a la historia natural de los organismos vivos. También reflejan un distanciamiento espiritual, una pérdida de pasión y, por qué no decirlo, un desenamoramiento de muchos profesionales de la ecología respecto a los organismos, su vida, sus avatares, sus circunstancias, su belleza emocionante e irrepetible. Hemos llegado a un punto en que se ha hecho necesario justificar lo obvio: el importante papel de la historia natural en la ciencia y en la sociedad (8). A un momento en que es más fácil encontrar pasión por la naturaleza entre personas profesionalmente alejadas de la biología que entre mis colegas ecólogos profesionales, a menudo más preocupados por afinar sus currículos atendiendo a los nuevos "incentivos perversos" (2) de la ciencia actual que por comprender cómo funciona realmente la naturaleza sobre la que publican (3). En última instancia, lo que ha promovido el creciente desapego de muchos ecólogos profesionales respecto al medio ambiente natural ha sido el desarrollo de un mundo científico pervertido donde se prioriza la rapidez sobre la calidad (2), algo que es incompatible con la inevitable lentitud de los estudios directos sobre los organismos. La creciente popularidad de la llamada "ciencia ciudadana", en la que ecólogos profesionales de gabinete analizan datos obtenidos en el campo por naturalistas aficionados es para mí un ejemplo paradigmático del creciente cisma entre cierta ecología utilitaria y la naturaleza que está ahí fuera, la que de verdad se enfrenta a problemas de supervivencia. En realidad es una variante de la denominada "ciencia parásita", cultivada por investigadores que no salen a recoger datos porque requiere mucho tiempo y esfuerzo, y para los que es mucho más fácil explotar los recogidos por otros (9). Una consecuencia más de los "incentivos perversos" a que antes me he referido.

Las implicaciones de una ciencia ecológica utilitaria que tiende a estudiar más constructos abstractos y menos organismos vivos van más allá de las meramente académicas o científicas. Por una parte, resulta ingenuo pensar que se pueda reparar una casa con hondas grietas estructurales, como es la naturaleza actual, usando tan solo fotografías lejanas del exterior del edificio, sin contar con el concurso de quienes sepan identificar qué vigas están carcomidas, qué apoyos fallan en los cimientos o cuáles son las tejas rotas que dejan paso al agua. Y por otra, si la única razón para aceptar el creciente desplazamiento utilitario de la ecología ha sido su utilidad social como herramienta para abordar problemas ambientales, entonces el más que probable fracaso del enfoque utilitario abstracto para resolver dichos problemas obligará a reconsiderar el abandono de los estudios empíricos directos de organismos. Antes o después, las agencias financiadoras, especialmente aquellas entidades públicas con compromisos en materia de conservación, terminarán descubriendo que la ecología utilitaria abstracta muchas veces les está vendiendo una información que al final es inútil para la conservación de los organismos reales, porque no está basada en datos actuales obtenidos directamente de esos organismos. ¿Habrá salida cuando llegue a producirse esa situación? ¿Existirán todavía "poblaciones residuales" de ecólogos, zoólogos y botánicos que sepan identificar especies de plantas y animales, conozcan sus ciclos de vida y entiendan su ecología, o habrán sido ya borrados del mapa por el sistema de "selección natural pervertida" (2) (selección natural que favorece la mala ciencia) en que se ha convertido la ciencia actual?

En un libro generoso en ideas y maravillosamente bien escrito (10), Michael McCarthy defendió que los argumentos utilitaristas basados, por ejemplo, en los servicios ecosistémicos o el desarrollo sostenible nunca llegarán a tener el empuje ni la aceptación social necesarios para orientar un conservacionismo eficaz. Para McCarthy la capacidad para amar el mundo natural es un rasgo intrínsecamente humano, por eso considera que los sentimientos de admiración y alegría que nos proporciona su contemplación son de por sí los motores sociales más poderosos para su estudio y conservación. El simple disfrute con la historia natural de los organismos puede impulsar tanto el conocimiento como la conservación. Divulgadores individuales y medios audiovisuales especializados han fomentado durante décadas esos sentimientos de admiración y alegría ante el esplendor de la naturaleza real, que a su vez han propiciado iniciativas conservacionistas que han marcado las agendas de las entidades públicas y privadas con capacidad de decisión. Tenemos el gran ejemplo de la revista *Quercus* en el ámbito ibérico, difusora de conocimiento sobre la naturaleza a la vez que defensora de su conservación, cuyas páginas han acogido a *El Detective Ecológico* del que ahora nos despedimos por medio del vuelo de *Una golondrina no hace primavera*. En el ámbito ecológico profesional existe un naciente movimiento que pretende volver a dignificar a la historia natural y subraya la importancia decisiva del conocimiento ecológico básico. Se ha propuesto que los artículos técnicos incluyan un suplemento donde se presenten datos y observaciones asociadas de historia natural (11). Publicaciones periódicas tan prestigiosas como *Ecology* o *Frontiers in Ecology and the Environment* han abierto sus páginas a contribuciones que únicamente reseñan observaciones de historia natural. Quiero pensar que estas iniciativas recientes señalan el camino futuro a seguir y serán fuente de inspiración para nuevos cambios en la misma dirección. Ojalá que ayuden también a devolver a la historia natural todo el valor, reconocimiento y prestigio que cierta miopía ecológica parece empeñada en hacer desaparecer.

Carlos M. Herrera

---

(1) **Carmel, Y., R. Kent, A. Bar-Massada, L. Blank, J. Liberzon, O. Nezer, G. Sapir, and R. Federman** (2013). *Trends in ecological research during the last three decades – a systematic review.* PLoS One 8:e59813.
(2) **Edwards, M. A., and S. Roy** (2017). *Academic research in the 21st century: maintaining scientific integrity in a climate of perverse incentives and hypercompetition.* Environmental Engineering Science 34: 51-61.
(3) **Ferreira, C., C. A. Ríos-Saldaña, and M. Delibes-Mateos** (2016). *Hail local fieldwork, not just global models.* Nature 534:326.
(4) **Herrera, C. M.** (2018). *Complex long-term dynamics of pollinator abundance in undisturbed*

Mediterranean montane habitats over two decades. Ecological Monographs, en prensa.
(5) **Rouhan, G., L. J. Dorr, L. Gautier, P. Clerc, S. Muller, and M. Gaudeul (2017).** *The time has come for Natural History Collections to claim co-authorship of research articles.* Taxon 66: 1014-1016.
(6) **Gardner, J. L., T. Amano, W. J. Sutherland, L. Joseph, and A. Peters (2014).** *Are natural history collections coming to an end as time-series?* Frontiers in Ecology and the Environment 12: 436-438.
(7) **Rios-Saldaña, C. A., M. Delibes-Mateos, and C. C. Ferreira (2018).** *Are fieldwork studies being relegated to second place in conservation science?* Global Ecology and Conservation 14: e00389.
(8) **Tewksbury, J. J., J. G. T. Anderson, J. D. Bakker, T. J. Billo, P. W. Dunwiddie, M. J. Groom, S. E. Hampton, S. G. Herman, D. J. Levey, N. J. Machnicki, C. M. del Rio, M. E. Power, K. Rowell, A. K. Salomon, L. Stacey, S. C. Trombulak, and T. A. Wheeler (2014).** *Natural History's place in science and society.* BioScience 64: 300-310.
(9) **Lindenmayer, D., and G. E. Likens (2013).** *Benchmarking open access science against good science.* Bulletin of the Ecological Society of America 94: 338-340.
(10) **McCarthy, M. (2015).** *The moth snowstorm. Nature and joy.* John Murray, Londres.
(11) **LoPresti, E. F., R. Karban, M. Robinson, P. Grof-Tisza, and W. Wetzel (2016).** *The natural history supplement: furthering natural history amongst ecologists and evolutionary biologists.* Bulletin of the Ecological Society of America 97: 305-310.

INTRODUCCIÓN

En su Ética a Nicomaco Aristóteles, el padre de la biología, escribió *"...porque una golondrina no hace verano, ni un solo día, y así tampoco hace venturoso y feliz un solo día o un poco tiempo"*. Ese parece ser el origen de nuestro refrán "una golondrina no hace verano" y de su variante "una golondrina no hace primavera". A decir verdad, esta segunda versión me parece más adecuada desde el punto de vista ornitológico pues la llegada de las golondrinas desde sus cuarteles de invernada en África se da en realidad en primavera y no en verano. A pesar de este pequeño matiz pajarero, ambas frases pretenden reflejar la misma idea: que un caso aislado no lleva a ningún sitio, que no pasa de anécdota. En esa idea radica buena parte de la esencia de la ciencia, pues la actividad científica describe las propiedades de los sistemas que estudia empleando medias poblacionales y no casos aislados. En realidad, no sólo se usan promedios. Para valorar adecuadamente el significado de un promedio es necesario conocer también la variabilidad de la población de datos. La media nos dice cuál es el comportamiento central de un rasgo en una población mientras que la desviación (típica) nos dice cuán dispersa es la respuesta de la población. Por ejemplo, dos poblaciones en las que la media de un rasgo sea de 165 cm serán en realidad muy diferentes si la variabilidad del rasgo es de 2 cm en la primera población y de 35 cm en la segunda. Por otro lado, si la variabilidad es igual en las dos poblaciones pero las medias de ambas son muy diferentes, hay que relativizar o sopesar la variabilidad respecto al valor del promedio para saber cuál de las dos poblaciones es en realidad más variable. Así, que la desviación de un rasgo en dos poblaciones sea en ambos casos de 2 cm tiene un significado muy distinto si la media de la primera es 165 cm y la de la segunda de tan solo 4 cm. En el primer caso la variabilidad es relativamente baja y en el segundo es enorme. Lo que importa es que, como vemos, para describir apropiadamente cómo es una población, en relación a una propiedad de interés, no basta con dar un dato aislado. Ni siquiera un promedio aislado, sin más información. Con este título por tanto sólo he querido simbolizar que este libro no está basado en observaciones anecdóticas sino que tiene base científica. Pretende anunciar que tienes en tus manos un libro de rigurosa divulgación científica. Más concretamente de divulgación de las ciencias de la ecología, biología evolutiva y biología de la conservación.

En *Una golondrina no hace primavera* intento acercar al lector lo que los hechos nos han enseñado sobre cómo es la naturaleza y sobre cuál es el lugar que el ser humano ocupa en la biosfera. La visión científica actual de la naturaleza se aleja mucho de la visión romántica que de la misma hemos heredado. No entiendo aún muy bien porqué, pero el movimiento decimonónico del Romanticismo dejó profunda huella en nuestra cultura. Quizás porque encaja bien con la estructura del cerebro humano en el que razón y sentimientos cabalgan juntos. El caso es que el Romanticismo surgió en Europa como reacción contra el pensamiento racional propio de los periodos anteriores: la Ilustración y el Neoclasicismo. Lo que el Romanticismo logró fue que imaginásemos la naturaleza y no que la entendiésemos. Este libro no imagina la biosfera sino que la analiza con el método de la ciencia. Curiosamente el lector descubrirá que eso no le resta un ápice de poesía ni de belleza a la realidad. Todo lo contrario. La naturaleza es tan sorprendente que conocerla sólo puede despertar admiración, sorpresa y gozo. Sólo puede generar sonrisas y sensaciones de respeto hacia ella y hacia nosotros, pues no somos otra cosa que naturaleza.

También intento mostrar al lector que no hacen falta grandes viajes alrededor del mundo para encontrar una naturaleza que nos maraville. La belleza está en los detalles y queda mucho más cerca de lo que habitualmente pensamos. Para los habitantes del siglo XXI, educados a golpe de televisor, parece que la naturaleza sólo la tienen los otros. La realidad sin embargo es muy distinta. Está ahí fuera, a la puerta de casa, esperándonos. Dentro de tu ciudad incluso. Recuerdo que de pequeño pensaba que los piratas, las ballenas y los vaqueros sólo existían en mares y continentes lejanos. Una de las recompensas de crecer fue descubrir que frente a las costas de Valencia pasaban periódicamente o residían ballenas y delfines o que existían baterías litorales de torres de defensa frente al pirateo norteafricano. Todo eso ahí, delante de mis narices y no en el Caribe ni en los mares del sur. Y ¿qué decir de los vaqueros? Baste con recordar que rodeo es una palabra de origen hispano y que se sabía de vacas y toros y caballos en Córdoba o en Extremadura o en Galicia mucho antes de que esos hábitos e incluso esos animales domésticos pusieran pie (de vuelta) en las Américas cinematográficas. A lo largo de las páginas de este libro espero que descubras que en las macetas de tu casa se encierra todo el universo y que necesitarías cien vidas tuyas para desentrañar sus secretos.

Finalmente, éste es un libro que trata de abrir la mente del lector y desencadenarla de mitos, prejuicios, supersticiones y dogmas. Con ello pretende que reine la libertad de pensamiento. También la ciencia ha desarrollado dogmas y mitos y reflexionar críticamente sobre ellos es un ejercicio sano que practicamos con demasiada poca frecuencia. Espero pues que la lectura de *Una golondrina no hace primavera* consiga unos objetivos ambiciosos: que te conozcas mejor a ti mismo, que entiendas mejor el papel que juegas en la biosfera, que conozcas mejor el mundo que te rodea, que te haga disfrutar y admirar la belleza de este planeta vivo (con un devenir único hasta donde sabemos ahora, a comienzos del llamado siglo XXI) y que te haga un poco más libre. Si lo consigo, aunque sea mínimamente, daré todos los esfuerzos de estos últimos años por bien empleados.

PARTE I. CONSERVACIÓN

Pax Romana: la salida del refugio

Si antaño forzábamos la reclusión de especies en refugios, es decir, en "castillos remotos e inexpugnables", ahora éstas empiezan a salir de los espacios protegidos debido a que nuestra actitud hacia ellas es mucho más respetuosa. Una muy buena noticia para la conservación de la naturaleza.

Los pueblos prerromanos de la Península Ibérica, nuestros antepasados de las edades del Bronce y del Hierro, construían sus poblados en lugares apartados y los dotaban de poderosos medios defensivos. Eso es buena prueba de que vivían intranquilos, siempre a la espera de una visita indeseada y peligrosa. Recuerdo las primeras veces que visité el fabuloso Castro de Baroña, en la costa coruñesa de Porto do Son, cuando me dejé llevar por la admiración que transmiten aquellas piedras en un entorno tan hermoso. Pero, sin dejar de apreciarlo, en visitas posteriores caí en la cuenta de que aquel era un lugar realmente malo para vivir. Nadie instalaría por gusto su casa en un pequeño afloramiento rocoso situado al final de un estrecho istmo y rodeado por el océano. Si se ha visto y oído rugir al Atlántico en invierno no hace falta justificar más esta afirmación. El poblado contaba además con una doble muralla defensiva y sus habitantes habían excavado un foso en medio de la barra de arena que sirve de acceso. Dicho con otras palabras: un lugar así sólo fue escogido por criterios militares. Las espaldas quedan cubiertas por el mar y su única entrada es estrecha y fácil de defender. Si no se hubieran visto forzados a tomar tales precauciones, los pobladores costeros hubieran escogido una zona más alejada del mar, cerca de sus tierras de cultivo y fuentes de agua dulce, sin renunciar por ello a los recursos marinos que debieron ser el principal objetivo de aquellas gentes.

Sólo empezaron a abandonar las fortificaciones cuando se impuso la *Pax Romana*. Pudieron asentarse entonces en zonas llanas, abiertas y desprotegidas, pero mucho más productivas. Roma aplicó sus leyes a lo largo y ancho del imperio, de modo que la paz entre los pueblos ibéricos fue una consecuencia de su poderío militar.

Bien, pues cuando conseguí asimilar esa página de nuestra historia, me di cuenta de repente de que podía trazarse un paralelo con los avatares sufridos por la fauna (1). La actividad humana de los últimos milenios y la transformación agrícola del paisaje hicieron que la mayor parte de las especies silvestres sobrevivieran en refugios, en lugares agrestes ubicados lejos de los asentamientos humanos (2). El caso de la foca monje es un buen ejemplo: perseguida en las playas, que son su hábitat predilecto de reproducción, tuvo que refugiarse en inaccesibles cuevas costeras o archipiélagos alejados del continente.

Selección por comportamiento

Pero esa no fue la única consecuencia de la presión humana. También sobrevivieron los individuos más tímidos y recelosos, aquellos que nos tenían más miedo, como queda patente en el oso pardo. Los osos vivían antaño en toda la Península (3), de norte a sur y de este a oeste, pero quedaron encastillados en las montañas más agrestes del norte, en la cordillera Cantábrica y los Pirineos. Además eran unos osos mansos, que no agredían a la gente. Nada que ver, por ejemplo, con un oso pardo de Alaska. Nuestros osos más agresivos y sin miedo hace mucho tiempo que fueron eliminados por peligrosos.

El caso es que la presión sobre la fauna disminuyó enormemente desde que se ejecutó el Plan de Estabilización franquista y la población rural empezó a concentrarse en unas pocas ciudades. Un dato relevante es que las licencias de caza han caído de manera continua en toda España durante las últimas décadas. Además ha aumentado la sensibilización de la gente urbana por la conservación de la diversidad biológica. Y, para remate, los gobiernos democráticos han establecido espacios protegidos, dotados de legislación propia, sobre los antiguos refugios donde quedó acantonada la fauna. Ahora, tras varias décadas de *Pax Romana*, está empezando a salir de aquellos refugios obligados. Una muy buena noticia, porque viene a decirnos que hemos hecho bien las cosas durante los últimos treinta años y salvado a muchas especies que se encontraban en una situación realmente extrema. Podríamos decir que lo mejor que podría pasarle a la fauna es que quiera estar fuera de los espacios protegidos y recuperar los territorios perdidos. Una tendencia que también viene dictada en parte por el cambio que han sufrido los ecosistemas a raíz del éxodo rural. Los terrenos abiertos para cultivos y pastos vuelven a cubrirse de vegetación y en los espacios protegidos empiezan a escasear las presas más codiciadas, como conejos y perdices, que son propias de lugares despejados.

Algunos ejemplos en islas

Los halcones de Eleonor nidifican en inexpugnables acantilados de pequeños islotes mediterráneos. Pero, en cuanto la presencia humana desaparece, crían directamente en el suelo. Así lo hacen en el islote de Mogador (Marruecos), donde los nidos alcanzan densidades extraordinarias. Nosotros mismos hemos estado años devanándonos los sesos para averiguar si los halcones preferían un tipo concreto de acantilado, una orientación, un sustrato particular (4). Al final, mucho tiempo después, nos dimos cuenta de que la reproducción de los halcones en acantilados es más que nada un artefacto debido a la presencia humana en esos islotes. En cuanto tienen ocasión, salen de los refugios.

Lo mismo hicieron la gaviota patiamarilla o la de Audouin. En muchas islas y costas con frecuente presencia humana también crían en los acantilados, pero salen de sus castillos en cuanto comprueba que somos inofensivos. Poco a poco, los buitres negros mallorquines, encastillados en los pinos de los acantilados, empiezan a salir asimismo de sus refugios, un comportamiento seguramente favorecido por los genes confiados que han llegado a la pequeña población isleña a través de los programas de reforzamiento.

Algunos ejemplos continentales

Águilas reales y perdiceras crían cada vez más sobre árboles. No sólo porque la superficie forestal esté aumentando, sino también porque los farallones rocosos eran mejores castillos naturales que los árboles cuando estas aves estaban perseguidas. Ahora que se sienten a salvo, pueden salir de aquellas fortalezas. De hecho, las perdiceras del programa LIFE portugués se están expandiendo hacia el norte gracias a su hábito de anidar en árboles, incluso sobre especies exóticas y muy cerca de viviendas (5).

Las antaño muy amenazadas águilas imperiales están empezando a abandonar sus áreas tradicionales de cría para dirigirse a pinares intensamente gestionados por el hombre y situados en terreno llano. La razón es que los pinares aclarados artificialmente son más favorables para sus presas que los bosques con vegetación cerrada. El abandono del medio rural y la escasez de grandes mamíferos herbívoros, extintos mayoritariamente durante el tránsito entre el Pleistoceno y el Holoceno, ha abierto las puertas a la sucesión vegetal. Unos cambios que no sólo afectan a las águilas imperiales ibéricas de la especie *Aquila adalberti* (6, 7), sino que se han apreciado también en las imperiales de Hungría, que pertenecen a la especie *Aquila heliaca* (8).

Por otra parte, las nutrias desertan con facilidad de sus refugios forzosos en las cabeceras de los ríos para ocupar sus tramos medios y bajos. De hecho, han alcanzado ya las costas y son cada vez más habituales en las orillas de los embalses (9). Aunque también hay casos de especies emblemáticas que no han dado aún ese salto, como el lobo ibérico que, aunque haya extendido su área de distribución, todavía no puede abandonar los refugios forestales debido a la persecución directa. Los osos que intentan dirigirse asimismo hacia zonas más llanas suelen ser víctimas de artilugios cinegéticos que no estaban destinados a ellos.

Nuevas relaciones con la fauna

Podría seguir citando casos y más casos, pero creo que el mensaje ha quedado claro y está suficientemente probado. No sólo los grandes depredadores salen de sus refugios, sino también sus presas. Jabalíes y corzos recuperan sus hábitats históricos y ya están cerca de las ciudades, cuando no directamente en ellas. Y cada vez con mayor descaro, atraídos por la falta de depredadores, la abundancia de comida y el respeto que la gente les brinda.

Es obvio que todo este proceso planteará nuevos desafíos a nuestra relación con la fauna silvestre, ya sea en forma de accidentes de tráfico o de ataques a personas y mascotas. Tendremos que diseñar una nueva hoja de ruta, pero, de entrada, podemos adelantar que esa salida de los viejos castillos representa un avance en el marco de nuestra reconciliación con las demás formas de vida. Llevamos treinta años deseando que los espacios protegidos sean innecesarios y estamos empezando a conseguirlo. Acabada la romanización nuestra civilización volvió a los castillos en la Edad Media, auténticas jaulas de oro que admiramos por extrañas razones románticas. Esperemos que el futuro que le espere a nuestra fauna no sea ese.

El célebre castro de Baroña (Porto do Son, A Coruña) es un poblado de la Edad de Hierro ubicado en un lugar favorable para la defensa militar, pero muy incómodo para vivir. Muchas especies se han visto recluidas en fortalezas similares y sólo ahora empiezan a abandonarlas gracias a que nuestra actitud hacia ellas es más respetuosa.

Ríos de vida

Los habitantes de las ciudades del siglo XXI tenemos una imagen bastante idealizada o estereotipada de los ríos. Entre otras razones, porque ya no mantenemos una convivencia tan estrecha con estos peculiares ecosistemas como en el pasado.

Sí, nuestra visión de los ríos está cuajada de mitos por falta de un contacto real con ellos. Además, los hemos conocido tras el desarrollo de las grandes ciudades y sus correspondientes polígonos industriales, de manera que ya estaban contaminados y degradados. El actual enfoque idealizado imagina a los ríos con propiedades sencillamente opuestas a las que tienen los ríos que consideramos degradados. Veremos si es acertado o no ese razonamiento por oposición, tan habitual entre los conservacionistas, y qué matices pueden modularlo.

Los ríos bien conservados son de aguas transparentes

Un río con aguas negruzcas o espuma en los remansos despierta en la mayoría de la gente una sensación de rechazo o, al menos, de alarma. Los ríos en estado prístino han de ser de aguas transparentes, reza nuestro mantra. Una escena, sin embargo, que sólo es propia de las cabeceras, donde aún no ha dado tiempo para que sus aguas se carguen de forma natural de exudados vegetales. Los taninos, por ejemplo, son sustancias orgánicas que las plantas han desarrollado a lo largo de su evolución como defensa frente a los herbívoros. Suelen ser hidrosolubles y se mezclan fácilmente con el agua dotándola de un color opaco. Los ríos con aguas oscurecidas debido a este proceso no están contaminados sino sanísimos, pues deben contar con un bosque de ribera a su alrededor.

Lo mismo sucede con esas espumas que a veces vemos en las zonas turbulentas. La espuma es sólo una fina capa globular de líquido que encierra algún gas en su interior (normalmente aire) y puede producirse por fenómenos naturales, no sólo como consecuencia de la depuración de aguas residuales. Puede aparecer por aportes espontáneos de materia orgánica y lo mismo ocurre en el mar, donde habitualmente se denomina "resaca marina". La espuma marina es el resultado de una interacción entre episodios biológicos, como las explosiones de plancton, y procesos fisicoquímicos que alteran la tensión superficial del agua. Por otro lado, el viento puede mover esas espumas a las zonas remansadas o resguardadas, tanto de ríos como de costas.

No obstante, son muy llamativas y tiene sentido que las asociemos a contaminación, porque por desgracia hemos convivido con ella. Pero no siempre es así, y cada vez menos. Los ríos siempre han tenido espuma, sobre todo los que discurren por cuencas ricas en materia orgánica. Un ejemplo paradigmático es precisamente el río Negro, el mayor afluente del Amazonas, que recorre tierras de Colombia, Venezuela y Brasil.

Los ríos bien conservados no tienen barreras

Un mito aún más extendido que el anterior es que el agua de los ríos corre libremente y cualquier obstáculo va en detrimento de su biodiversidad. Esta visión fluyente se debe a dos contingencias históricas, una más reciente que la otra. Durante nuestra larga etapa de vida agro-silvo-pastoral convenía mantener a los ríos corrientes para prevenir indeseadas inundaciones, de manera que se retiraban los árboles caídos. Además, muchos bosques de ribera habían sido reducidos a su mínima expresión para aprovechar los pastos de las orillas y no había, por tanto, demasiados árboles que pudieran caer por viejos o a causa del viento.

Más recientemente hemos vivido al margen de lo que me gusta denominar "la era del castor". Los castores eran los grandes ingenieros hidráulicos de nuestros ríos y tenían un efecto apreciable sobre ellos. Son roedores gigantes, sólo superados en tamaño por los capibaras de Suramérica. Los roedores surgieron hace unos 75 millones de años y son un grupo de gran éxito, ya que representan el 40% de los mamíferos (1) y han sido capaces de colonizar todo tipo de hábitats. Los castores, en concreto, son un elemento clave de los ríos pues cumplen tareas ecosistémicas equiparables a las de los elefantes o las termitas en la sabana africana. El género Castor sólo incluye dos especies actuales, el castor norteamericano (*Castor canadensis*) y el castor europeo (*Castor fiber*), presente en la península Ibérica hasta hace unos pocos siglos (1). Los castores abaten árboles de ribera, construyen presas con ellos y, en condiciones favorables, los lagos resultantes pueden llegar a medir kilómetros. De hecho, sus barreras son la mayor construcción al alcance de un animal terrestre (2). Los lagos que crean introducen heterogeneidad en las cuencas fluviales, bien recibida por una hueste de plantas y animales que prefieren las aguas remansadas a las aguas corrientes. Entre sus beneficiarios estarían las nutrias, que a la más mínima oportunidad nos demuestran cuán felices son en aguas calmas. Bien pensado, las condiciones ecológicas de los ríos son muy exigentes y sólo pueden habitarlos un puñado de especies altamente especializadas. Por el contrario, las aguas mansas son más habitables y hay muchas especies capaces de colonizarlas.

El caso es que, durante nuestra pasada vida rural, llenábamos los ríos de pequeñas represas y canales de derivación para alimentar acequias, molinos y batanes. Unas represas que poco tenían de negativo y mucho de sustitutas de las barreras que antaño construían los castores. La idea de eliminar ahora cualquier tipo de barrera no es necesariamente positiva para los ríos. No hablo de las grandes presas, que requieren costosos dispositivos para permitir el paso a los peces migratorios. Muchas de ellas son prescindibles o están obsoletas y el actual movimiento mundial para eliminar grandes presas traerá muchas consecuencias positivas. Sin embargo, a menor escala, haríamos bien en estudiar individualmente cada pequeña barrera antes de tomar una decisión radical sobre su permanencia. A veces las opciones intermedias, como las presas que sólo están activas de forma temporal, pueden ser una solución biológicamente óptima y de consenso social. La razón suele estar en el término medio.

Los ríos bien conservados cuentan con bosques de ribera

Solemos pensar que, como antaño eliminamos la mayor parte del bosque, todo lo que sea recuperación forestal es algo positivo. Sí, pero con matices. No hace falta convencer a nadie de las bondades archisabidas del bosque de ribera. Son muchas las campañas de concienciación que se han organizado para que todos lo tengamos bien interiorizado: protegen las orillas, oxigenan el agua, reducen la temperatura con su sombra y sirven de refugio y corredor tanto a la flora como a la fauna. Pero, si pensamos un poco más allá, reconoceremos que en torno a los lagos de los castores no quedaría un árbol ribereño en pie y que esas zonas tenían que sufrir una alta insolación. O sea, había reservas de agua, de mayor o menor tamaño, someras y además bien soleadas. No se puede pedir un mejor cazadero si uno es un depredador de "sangre fría" (ectotermo) como las truchas. Aunque están encantadas de disponer de zonas umbrías para reproducirse necesitan zonas soleadas donde su cuerpo pueda alcanzar la temperatura necesaria para activarse y cazar. Así pues, un río bueno para las truchas ha de ser un río con ambos ambientes, no con una sombra continua.

En el pasado la gente quería tener truchas en los ríos y, a propósito o no, las conseguía al favorecer la existencia de zonas soleadas que se abrían al eliminar parte del arbolado de ribera. Como en el caso de la agricultura, que sustituyó en su labor desbrozadora a la gran fauna de mamíferos herbívoros heredada del Pleistoceno, la actividad humana ha asumido funcionalmente la tarea decisiva de los castores en los ríos europeos. Ahora equiparamos erróneamente el concepto de conservación con dejar los ríos intactos. Pero, al menos desde el Mioceno, nuestros ríos han tenido tumbadores de árboles, constructores de presas y gestores de la diversidad. Si nuestro afán es que los ríos estén rebosantes de vida, haríamos bien en no perder de vista este detalle. No sé si los castores caben o no en la España del siglo XXI, pero desde luego imitarlos no costaría nada. Lo otro, imagino que el tiempo lo dirá.

Una golondrina no hace primavera

Cauce del río Barragán (Pontevedra). Las aguas oscuras y la presencia de espuma en los remansos no son necesariamente indicadores de contaminación. Ambos rasgos pueden deberse a causas naturales (Foto del autor).

Espacios ¿protegidos o no?

La declaración de espacios protegidos fue un paso necesario, pero no suficiente, para conservar la diversidad biológica. El destino natural de un espacio protegido es ser abandonado por las especies que en su día lo propiciaron y justificaron.

Hemos avanzado mucho desde la declaración de Picos de Europa y Ordesa como parques nacionales en 1918. Han pasado casi cien años e imagino que habrá previstas grandes celebraciones para el año que viene. Por el camino no hemos estado de brazos cruzados: contamos ahora con más de 1.500 espacios protegidos bajo diversas categorías, lo que representa más del 25% de nuestro territorio. Toda esa política de protección fue absolutamente necesaria cuando las autonomías adquirieron competencias en materia ambiental hacia mediados de los años ochenta. La naturaleza se encontraba entonces en cotas muy bajas de conservación. La superficie forestal venía creciendo a fuerza de repoblaciones desde los años cuarenta, pero los ecosistemas acuáticos tocaban fondo debido al incremento de la contaminación. Urgía detener determinados procesos y cambiar de rumbo. En ese contexto histórico los espacios protegidos fueron un acierto. Mayor o menor según los casos, pero positivo en términos generales. Ha llovido mucho desde entonces y ahora podemos mirar hacia atrás con cierta perspectiva, y también hacia adelante con nuevos ojos.

Refugios y hábitats de sustitución

Es importante darse cuenta de que los primeros espacios protegidos los creamos donde aún quedaba algo de fauna. Y, también, que tales espacios no eran necesariamente los mejores para esa fauna. En muchos casos eran lo que ahora se denomina "refugios ecológicos", es decir, espacios de menor calidad que los animales colonizan cuando los lugares óptimos han sido ocupados o transformados por la actividad humana. A lo largo de nuestra historia hemos perdido, o reducido a su mínima expresión, lugares de primera magnitud como las lagunas de Antela, La Janda o La Nava. Las aves acuáticas que las ocupaban tuvieron que dirigirse a espacios de menor tamaño donde la presión humana era mayor.

Las llanuras con buen suelo fueron casi totalmente dedicadas a la agricultura, de modo que hasta la ganadería fue relegada a zonas más altas y con pendiente moderada, en buena medida a costa del bosque. En otros casos, los antiguos espacios naturales habían sido duramente transformados pero aún conservaban buena parte de su atractivo original, caso de arrozales, salinas o muchas estepas cerealistas. En definitiva, eran lo que denominamos hábitats de sustitución (1). Pero conviene tener presente que estos fueron la materia prima de los espacios protegidos.

Usos tradicionales y espacios protegidos

En general, hemos abandonado muy rápido las fórmulas tradicionales de explotación agraria, ganadera y forestal. Incluso dentro de los propios espacios protegidos, pensando que era mejor para la flora y la fauna que queríamos conservar. Por ejemplo, la interrupción de sacas, quemas y pastoreo ha dado alas a la sucesión ecológica y los espacios protegidos, antaño mantenidos en un estado infantil, han crecido hasta hacerse mayores. Lo cual ha beneficiado a unos cuantos especialistas forestales, pero a costa de perjudicar a muchos depredadores cuya dieta se sustentaba fundamentalmente en el conejo y la perdiz, presas que gustan de espacios abiertos. Lo mismo puede decirse de las plantas que prefieren los ambientes soleados. No es casualidad que las águilas imperiales se salgan ahora del monte mediterráneo protegido y ocupen zonas agrícolas donde abunda el conejo. Siempre que cuenten con algún árbol grande para instalar el nido, ya sean chopos, eucaliptos o pinos. Lo mismo ocurre con los linces en Sierra Morena. En Galicia hemos detectado que la principal causa de disminución de anfibios es el abandono del mundo rural y el avance de la vegetación sin control, factores de mayor calado que otros considerados más graves, como enfermedades emergentes, atropellos y especies invasoras (2).

Zonas protegidas aisladas

Los espacios protegidos son por definición islas, pues están rodeados de una matriz de terreno inhóspito. El número de especies que alberga una isla es un compromiso dinámico entre las que se extinguen y las que llegan como colonizadoras. Si la colonización se ve interrumpida por una barrera infranqueable, el destino de los espacios protegidos es perder especies de forma paulatina.

Además, cuanto menores son los fragmentos protegidos más rápidamente desaparecen aquellas especies que necesitan áreas de campeo extensas, o las que prefieren vivir lejos de sus bordes. Todo esto se ve muy bien en los retazos de selva tropical a medida que se hacen más y más pequeños.

Lo más curioso es que perder especies en un espacio protegido no siempre es un fracaso para la conservación. Como decíamos al principio, los espacios protegidos se declararon a partir de aquellos lugares que aún albergaban flora y fauna, muchos de los cuales tenían una calidad menor de la deseada. Si ahora, tras décadas de aplicar la legislación ambiental, ha aumentado la calidad de los lugares situados fuera de los espacios protegidos, es de esperar que muchas especies los colonicen dado que fuera las cosas ya no están tan mal.

Los aguiluchos cenizos de Castellón

Es un desplazamiento parecido al éxodo rural humano. A veces sólo sucede tras un impacto que fuerza a los individuos a dispersarse y explorar nuevos territorios. Sin ese mazazo inicial, la pereza y la rutina tienden a imponerse y los límites del área de campeo se mantienen fijos. Eso fue lo que les pasó a buitres leonados y aguiluchos cenizos en la provincia de Castellón, tras sendos golpes asestados por la construcción de parques eólicos y el tan célebre como innecesario aeropuerto (3). Tras abandonar sus zonas de confort, y dirigirse a refugios no protegidos por la ley, las poblaciones aumentaron rápido y de forma considerable. También se aprecia en los aguiluchos cenizos que se refugiaron en el Parque Natural Prat de Cabanes-Torreblanca (Castellón) a mediados de los 80, un humedal costero subóptimo para ellos, tras los numerosos incendios de los años setenta. A partir del año 2000 los aguiluchos empezaron a abandonar el parque y la única explicación que hemos encontrado a este hecho insólito es la baja frecuencia de los incendios forestales en el interior de Castellón y con ello la recuperación de una densa maquia de coscoja que ha facilitado que las rapaces nidificaran. La señal para dispersar desde el Prat de Cabanes fue un cambio en la estructura local del hábitat, asociado al abandono de la ganadería y a la interrupción de las quemas del carrizal tras protegerse el espacio.

Como en el caso de una familia bien avenida, la situación ideal es que los hijos vuelen por sí mismos y se vayan de casa en busca de las condiciones que ellos estimen idóneas. Lo importante es que tales condiciones existan en otra parte. A veces, la causa de la dispersión son los inevitables conflictos generacionales y no sólo que la habitación se haya quedado pequeña o la curiosidad por conocer nuevos horizontes.

El futuro de las zonas protegidas

Por tanto, lo mejor que podemos hacer es gestionar el territorio de forma integral. Pocos espacios protegidos nuevos son ya necesarios. La prioridad debería ser aplicar la normativa protectora fuera de ellos y ampliar así el campo de acción a territorios de alta calidad ahora "vacíos" de fauna y que, tarde o temprano, acabarán por ser descubiertos. Nuestra actual legislación es más que suficiente para lograr ese objetivo. Los osos o los quebrantahuesos han de abandonar sus refugios de la montaña. Las focas monje no deben volver a las cuevas de islas e islotes, sino a las playas continentales de donde son originarias. Los flamencos no criarían en salinas si hubiera marismas costeras de igual o mejor calidad. Hemos de hacer que todo esto sea posible.

Espacios ¿protegidos o no?

No lo hemos hecho mal en estos últimos treinta años, pero sólo habremos triunfado del todo cuando la flora y la fauna sean similares tanto fuera como dentro de los espacios protegidos. No perdáis de vista este objetivo. La era del espacio protegido como fin último y primordial ya ha pasado. Como la era de la televisión.

Grupo de focas monje en una de las cuevas donde se refugian en las costas acantiladas de Cabo Blanco (Mauritania). Nuestro objetivo no debe ser sólo conservar las especies en sus antiguos refugios, convertidos en espacios protegidos, sino sobre todo conseguir unas buenas condiciones fuera de ellos para que puedan estar en sus hábitats óptimos. (Foto M.A.Cedenilla / CBD-Habitat).

De profesión ¿invasora?

El ojaranzo (Rhododendron ponticum) es una planta que en España se restringe a los barrancos húmedos del Parque Natural de los Alcornocales, en Cádiz, mientras que en el Reino Unido es una plaga. ¿Cómo es posible? ¿Tienen alguna propiedad especial las especies invasoras? ¿Es necesario venir de fuera para ser invasor? Y, a fin de cuentas, ¿a qué se deben las invasiones? Muchas preguntas y pocas respuestas fáciles.

Hacía tiempo que no hablaba de invasiones y ha llovido lo suyo desde entonces. Podríamos empezar con una generalización: los lugares intrínsecamente buenos, como las selvas tropicales, son fáciles de invadir. No es cierto que los nichos ecológicos de la selva estén saturados. En gran medida porque los nichos se construyen, no estaban ahí de antemano. Cualquier sitio de alta calidad es apetecible tanto para los nativos como para los foráneos. Ya tenemos algo, sigamos avanzando. Los lugares malos, como un desierto, son difíciles de invadir. ¿Por qué? Pues porque son sitios duros y difíciles para cualquiera.

¿Y las islas? ¿Son difíciles de invadir las islas? Pues depende del tamaño de la isla y de su distancia al continente más cercano. Por definición, las islas tienen pocas especies y podría deducirse que por ello son sitios malos. Pero no necesariamente. Si tienen pocas especies no es porque sean malas, sino... porque es difícil llegar hasta ellas. De hecho, hay islas de alta calidad, grandes y heterogéneas, que podrían dar cobijo a muchas más especies de las que albergan; pero, simplemente, todavía no han conseguido llegar. Aunque también es cierto que hay islas de baja calidad, pequeñas y muy homogéneas, en las que no podría instalarse casi nadie por muy cerca que estuvieran de la costa. Pero, en principio, podría decirse que sí, que las islas son fáciles de invadir si interviene el transporte humano. Solventado ese problema inicial, la vida puede ser prometedora en una buena isla. Y eso nos lleva de vuelta al Reino Unido y los ojaranzos.

Cantidad y calidad

El Reino Unido, simplificando un poco, es una isla. Una isla grande y buena. Por un lado es pobre, porque muchas especies no han podido llegar hasta ella. Bueno, y porque fue arrasada por los hielos durante la última glaciación. Pero las especies que hoy la alcancen tienen muchas posibilidades de hacerse un hueco. Sobre todo si reciben ayuda humana, como en el caso de nuestro ojaranzo. En el siglo XIX fue plantado masivamente como arbusto ornamental, para espesar el sotobosque y como parapeto de cazadores en fincas privadas (1). De modo que la planta en sí no tiene nada de particular. No es una todopoderosa invasora, aunque fue seleccionada e hibridada para hacerla más resistente. La respuesta está en el medio invadido, que era susceptible de serlo, y en la llamada "presión de propágulo", la gran abundancia de ejemplares en las fincas privadas para que la planta diera el salto a toda la isla. Así pues, los ojaranzos tienen poco de malvados, aunque quienes los padecen les dediquen todo tipo de adjetivos despectivos.

La presión de propágulo emerge como un factor determinante en el éxito de las invasiones. Influye, y mucho, tanto el número de individuos como el número de intentos. Sin embargo, nosotros hemos demostrado que la procedencia de los animales liberados tiene tanta o más influencia que el esfuerzo cuando lo que se pretende es introducir vertebrados. Si soltamos animales salvajes que proceden de otro sitio las probabilidades de que se instalen con éxito son muy altas, pero caen en picado cuando son animales criados en cautividad (2). Esto mismo ya se había demostrado con las aves de jaula, pues las que mejor se asilvestran no son las que se escapan más a menudo, sino precisamente las que procedían de ambientes naturales, no de cría en cautividad (3).

¿Las especies nativas pueden ser también invasoras?

A las especies invasoras solemos calificarlas de exóticas y así asociamos sin más el tándem "exóticas e invasoras". Pero ¿realmente hace falta venir de fuera para poder invadir? ¿Podría haber nativas invasoras? En el caso de los seres humanos no hace falta pensar mucho para decidirse por un sí. Nos invadió el cartaginés Aníbal, a lomos de los ya extintos elefantes de bosque africanos. Pero también el reino de Castilla invadió los reinos de Galicia, Navarra o Valencia, aun siendo todos nativos de la península Ibérica. En el fondo, lo complicado es delimitar las fronteras de lo autóctono o lo nativo. Es como jugar con muñecas *matrioskas*: eres nativo cuando vives en mi ¿barrio, pueblo, comarca, isla, archipiélago, nación, continente? La cuestión es bastante arbitraria, ¿no os parece? En realidad, poco científica. Sobre todo si tenemos en cuenta la movilidad histórica de la flora y la fauna.

Pero, aparte de nuestra propia especie, resulta que también hay otros nativos invasores. Serían aquellas especies que se ven favorecidas por nuestra alteración de los sistemas naturales. Por ejemplo, el topillo campesino, la ardilla roja y el cormorán grande. También protagonizan invasiones los estorninos y las gaviotas cuando se les favorece con cultivos o vertederos. En cualquier caso, no debemos juzgar a las especies por su procedencia (4). Ya sean nativas o foráneas, las especies suelen convertirse en invasoras cuando las actividades humanas les han allanado el camino. No es que ellas sean malas, sino que se aprovechan de las alteraciones que introducimos en el medio. Por lo tanto, la solución a las invasiones pasa necesariamente por revertir esos cambios. En otras palabras, existe la invasión como proceso, pero no la profesión de invasor. Eso dificulta enormemente la erradicación de las especies invasoras. No sabemos cómo reaccionará la especie recién llegada y una vez establecida suele ser imposible eliminarla.

¿Un nuevo paradigma?

Vivimos en un mundo *post-wild* (5) y conviene que lo vayamos aceptando. Para bien o para mal, es el nuevo paradigma y lo hemos creado nosotros mismos. Somos los únicos responsables. No hay nada de demoniaco en las especies que, por determinadas coyunturas o contingencias, acaban invadiendo de nuestra mano una zona que es nueva para ellas. De nada sirve culparlas o estigmatizarlas, ni emplearlas como chivos expiatorios de problemas causados por complejas combinaciones de causas. Tampoco es fácil resolver el problema entablando una guerra contra ellas. Ni siquiera sirve que nos culpemos a nosotros mismos. Si hemos recorrido este camino ha sido en gran medida debido a los diversos cambios climáticos que hemos vivido.

La experiencia acumulada demuestra que entablar batalla contra una invasión ya establecida sólo sirve para: a) tirar el dinero, b) perder el tiempo y c) conseguir efectos inesperados que pueden conducir a una mayor expansión de la especie que se trataba de controlar o a una pérdida de biodiversidad. Las especies cuya colonización y expansión hemos favorecido pueden tener efectos negativos sobre algunos grupos de animales y plantas, pero no para todos y en muchas ocasiones también tienen efectos positivos (6). Por ejemplo, pueden reducir la población de algunas especies nativas, pero sin llegar a extinguirlas. Es decir, lo mismo que hacemos nosotros con nuestros cambios: si expandimos la agricultura favorecemos a las especies de espacios abiertos y si abandonamos el medio rural favorecemos a las especies forestales. El caso es que nunca ha llovido ni lloverá a gusto de todos.

Para prevenir nuevas invasiones es preferible gestionar los hábitats donde ya están establecidas y, salvo en casos de clara necesidad y viabilidad, lo mejor es no hacer nada. El tiempo se encargará de ellas. Nos espantamos cuando acaban de llegar, caso de la avispa asiática (*Vespa velutina*), que está por todas partes, pero no siempre serán tan vigorosas. Los residentes, ya sean bacterias, protistas, hongos, animales o plantas, necesitan un tiempo para darse cuenta de que están aquí y de que constituyen un nuevo recurso. O quizá unas heladas oportunas, como la ola de frío polar del invierno de 2017, puedan diezmarlas. La reacción es lenta, porque la naturaleza está programada mediante algoritmos muy conservadores, fuera de los tiempos de crisis. Debemos empezar a cambiar nuestra rígida manera de pensar o seremos los naturalistas quienes desarrollemos úlceras estomacales o muramos de depresión. Somos los únicos humanos que verían como un problema, por ejemplo, la llegada a nuestra tierra de la flor más hermosa del mundo si viniera con la etiqueta de "exótica e invasora".

Afortunadamente, la proliferación de franquicias americanas de comida rápida no ha acabado con los restaurantes nativos de comida lenta. Sólo han añadido diversidad alfa a la oferta gastronómica de nuestros ecosistemas urbanos y han contribuido a homogeneizar más el mundo, disminuyendo la diversidad beta, la tasa de recambio de especies entre parches. O sea, que cada vez nos dirigimos más hacia lo que fue Pangea hace 300 millones de años (1). Un mundo con un solo continente, más homogéneo, pero no por ello más pobre.

Conchas perforadas de la almeja asiática (Corbicula fluminea) en un embalse de Galicia. Tras una primera etapa de explosión demográfica, estas almejas fueron finalmente descubiertas por un depredador, nativo o no. Es un proceso habitual para las especies que llegan de fuera: al principio pegan por sorpresa, pero luego sus poblaciones se ven reguladas por depredadores, parásitos o enfermedades (Foto del autor).

Chivos expiatorios

En las antiguas religiones se ofrecían sacrificios a los dioses para aplacar su ira o conseguir favores. Quizá sea una propiedad de nuestro cerebro buscar un culpable, aunque sea inventado, para resolver conflictos y pasar página. En cualquier caso, buena parte de la fauna silvestre se ha convertido en el chivo expiatorio de unos problemas que tienen otras causas.

Durante un viaje a Grecia en 2011 visité el Parque Nacional de Alónnisos, situado en las islas Espóradas del Norte, en el mar Egeo. Además de ser la mayor superficie marina protegida de Europa, cuenta entre sus principales valores con una población reproductora de foca monje que se refugia en las múltiples cuevas de los islotes. También me sorprendió mucho que, incluso hoy en día, se siguieran matando focas monje a tiros desde las embarcaciones de pesca. Pensaba que eso era ya cosa del pasado. Pero, cuando indagué más a fondo, descubrí que se culpaba a las focas de los problemas económicos de los pescadores locales.

Es un hecho que las focas son inteligentes y consiguen comida gracias a los descartes pesqueros, cuando no roban directamente peces de las redes caladas. Pero de ahí a que sean las principales responsables de la penuria de los pescadores hay un salto muy grande. Un salto imaginario y equivocado. Las focas son simplemente un cómodo chivo expiatorio para sacudirse problemas mucho mayores, como la excesiva presión pesquera. Por ejemplo, en Grecia se ha pescado con dinamita hasta hace bien poco, al igual que en otros muchos países del Mediterráneo oriental como Túnez o Argelia. Los pescadores están atrapados en un bucle del que no saben salir.

A mí, estando allí, se me ocurrió una posible alternativa basada en aquello de "si no puedes con el enemigo, únete a él". La pesca podría reconvertirse parcialmente en una actividad turística para que los amantes de las focas vean cómo se alimentan en las redes. De ese modo las pérdidas se verían más que compensadas. ¿Una quimera? Pues no tanto. En España ya es legal admitir turistas en algunos pesqueros para que presencien el izado de un copo de sardinas o la captura de atunes en almadrabas.

Resulta muy cómodo echarle la culpa de nuestros problemas a cualquier animal, porque no puede defenderse de las acusaciones. Algo parecido pasa con los jabalíes: a pesar de su exitosa recuperación, dudo mucho que sean los causantes de todos los males de la agricultura, seguramente mucho más relacionados con cuestiones de geopolítica internacional y de abandono del mundo rural.

Sospecho que esas incorrectas asociaciones entre fauna y conflictos humanos se deben, en buena medida, a que nos hemos acostumbrado a unos paisajes donde escasean los animales. Cualquier recuperación que apreciemos nos parece ahora una amenaza, una plaga. Los jabalíes, sin ir más lejos, debían formar manadas de cientos de individuos en el Pleistoceno.

Lobos y ganadería

Otro caso similar y cercano es el de los lobos. No puede negarse que a veces subsisten gracias a potrillos, terneras, ovejas y cabras. Aunque no siempre, ya que en Castilla y León consumen también ciervos, corzos, jabalíes e incluso topillos y conejos cuando se adentran en los campos de cereal. Tampoco sería honesto ocultar que, cuando se lo ponen fácil, tienen el hábito de matar más de lo que van a comer. En una entrega ya lejana de esta sección propuse que tal conducta se debía a la carga evolutiva que arrastran consigo desde el Pleistoceno, cuando las comunidades de grandes carnívoros no estaban formadas sólo por lobos, sino por muchos otros potenciales competidores (1). En cualquier caso, el lobo causa muchas menos pérdidas económicas, o lucro cesante, que otros factores más difíciles de controlar por parte de los ganaderos afectados, como las políticas agrarias de la Unión Europea. El lobo, como la foca monje en Grecia, es sólo la gota que colma el vaso. Es fácil volverse contra él y usarlo como chivo expiatorio.

También se ha instrumentalizado como argumento de la demagogia política para ganar votos contaminando la frágil opinión pública. Ya sabemos lo fácil que es movilizar masas humanas en torno a un lema común. Está en nuestros genes.

Tejones y vacas

En el Reino Unido e Irlanda, los tejones se han convertido asimismo en chivos expiatorios. Se les considera vectores de la tuberculosis bovina y son eliminados por millares. El problema, sin embargo, está más enraizado en el propio manejo del ganado, algo que nada tiene que ver con los pobres tejones. Buena prueba de ello es que no hay tuberculosis bovina en Escocia, donde no se han hecho descastes de esta especie, y sí está presente, sin embargo, en la isla de Man, donde nunca hubo tejones. Las causas pueden ser poco evidentes, como un bajón en las defensas del ganado debido al estrés o a una peor alimentación, así que es mucho más fácil echarles la culpa. Un típico proceso de causa y efecto con planteamientos equivocados: las vacas mueren por tuberculosis, los tejones son portadores de la tuberculosis, luego los tejones son la causa del problema. Sin más comprobaciones. Esta misma confusión hace que las especies exóticas e invasoras carguen con diferentes sambenitos que no siempre les corresponden. Quizá simplemente porque su llegada y proliferación coincidió en el tiempo con el declive de una especie nativa debido a terceras causas.

Gorriones y agricultura

Otro chivo expiatorio de libro se dio cuando intentaron erradicar los gorriones en China. Entre 1958 y 1962, Mao Zedong promovió la campaña *Mata un Gorrión* como parte de un ambicioso plan para acabar con los supuestos enemigos de la agricultura, a saber: ratas, mosquitos, moscas y gorriones. Pero, lejos de mejorar la situación de los cultivos, lo único que hizo fue empeorarla, ya que los gorriones que vivían en los arrozales no sólo comían grano, sino también una importante cantidad de insectos. Aquel episodio se saldó con una gran hambruna que mató entre 20 y 45 millones de personas. Los gorriones, por cierto, sobrevivieron tras refugiarse en los jardines de ciertas embajadas europeas que se negaron a colaborar en el exterminio. Así que el gran salto adelante de Mao fue en realidad un gran salto atrás debido a un diagnóstico equivocado del enemigo.

Cigüeñas y especies cinegéticas

En España, las cigüeñas blancas han sido uno de los chivos expiatorios más recientes. Algunos colectivos de ganaderos y cazadores asocian la recuperación de la cigüeña con la escasez de aláudidos, liebres, perdices y codornices. Como las ven depredar huevos y crías de esas especies, establecen rápidamente una relación de causa y efecto. Las cigüeñas comen perdices, las perdices van para abajo mientras que las cigüeñas van para arriba, luego las cigüeñas son responsables del declive de las perdices. Una asociación demasiado simple, pues ignora las consecuencias del abandono del campo en las últimas seis o siete décadas, capaz de poner en jaque a cualquier especie de los espacios abiertos. Tampoco considera el papel que han podido jugar las sequías del Sahel en ciertas aves migradoras, como codornices y tórtolas, ni culpa a la caza de influir en el declive de unos animales tan propios del campo abierto. Pero el responsable no es la caza, ni tampoco el aumento de las cigüeñas, sino un agente mucho más poderoso y que actúa de forma silenciosa: la pérdida de hábitat. Los depredadores sólo causan declives en sus presas cuando ya están contra las cuerdas por un tercer motivo. Es el denominado "pozo del depredador". Una hipotética reducción forzosa de cigüeñas sólo empeoraría el actual estado de la agricultura, ya que actúan como eficaces controladoras de plagas.

Abejarucos y apicultura

Un odio que parecía superado es el de algunos apicultores hacia los abejarucos. Otro colectivo en apuros por muchísimas razones que busca un culpable, concreto y tangible, de todas sus frustraciones económicas. Si las abejas melíferas viven ahora más felices en las ciudades y liban contentas en parques urbanos libres de plaguicidas, parece claro que el papel que jugaron los abejarucos en su crisis debe ser despreciable. Pero siempre hace falta un culpable, alguien a quien achacar los daños de causas mucho más complejas, múltiples y difusas.

En ecología cada vez tiene más peso la idea de que los depredadores no regulan grandemente las poblaciones de sus presas. Sobre todo aquellos que no están especializados en una sola presa. Más bien contribuyen a mantenerlas en buen estado cuando eliminan a los individuos débiles o enfermos. De modo que la ausencia de abejarucos bien podría representar un problema añadido para los colmeneros. Aparte de eso, si depredan masivamente sobre las abejas quizá se deba al mal estado generalizado de alguna colmena, repleta de presas fáciles de cazar. Y ya que hablamos de himenópteros haríamos bien en cuidar a los abejeros europeos ahora que doña *Vespa velutina* nos invade por doquier.

In dubio pro reo

Todo es siempre mucho más complejo de lo que parece a primera vista (2, 3). Antes de condenar a alguien, hay que asegurarse de que es el verdadero culpable y para eso las intuiciones y primeras impresiones suelen ser malas consejeras (4). Además, tales problemas tienen soluciones técnicas que no pasan por la primitiva idea del exterminio. Hay que dar con la tecla y para eso hace falta pensar y experimentar. Y darse tiempo.

Si finalmente damos con la clave pero no puede ponerse en práctica, arremeter contra una especie inocente es del todo inmoral. Una prevaricación. Los políticos sucumben con frecuencia a las protestas ciudadanas mal informadas, una debilidad comprensible pero no justificable. La solución pasa por tener ganas de resolver los problemas reales de ganaderos, agricultores y apicultores. Y con ello de la naturaleza. Y no digo todo esto como panfleto, como mantra, sino que realmente creo que todo lo que he contado es objetivamente cierto y que evitar caer en esas trampas de la acusación indebida requiere sacar a relucir lo mejor del ser humano.

Una golondrina no hace primavera

Nido de cigüeñas en un edificio histórico. Es muy fácil equivocarse al establecer relaciones de causa y efecto, como atribuir el declive de la caza menor a la recuperación de las poblaciones de cigüeña blanca cuando se debe al abandono del mundo rural. (Foto del autor).

Pensamiento metapop

No, no estoy inventando un nuevo estilo de música que vaya más allá del pop. Uso metapop como abreviatura nemotécnica de metapoblación. Trataré de demostrar aquí lo importante que es el pensamiento metapoblacional —asumir que muchas especies se estructuran espacialmente en conjuntos de poblaciones que mantienen contacto entre sí— para resolver problemas reales en ecología aplicada.

Cuando lidiamos con nuestros problemas comunes, primero tendemos a pensar en la posibilidad más sencilla, es decir que la causa sea de origen local. Si vemos que un pueblo pierde sus habitantes deducimos que algo va mal allí. Puede ser, pero también es posible que en otro sitio las cosas vayan mejor y la gente se marche en busca de nuevas oportunidades. Como hemos visto en varias ocasiones, bueno y malo son conceptos relativos, no absolutos.

El caso es que sacamos las mismas conclusiones cuando nos enfrentamos a los problemas de la fauna. Seguramente tiene sentido que sea así, pero en muchos casos no es garantía de acertar. Por ejemplo, muchas aves realizan dispersiones durante la fase juvenil o ya de adultas, en busca de alimento, pareja o territorios de cría. Esas dispersiones pueden deberse a procesos locales, como la escasez local de recursos o el exceso de individuos, pero también pueden responder a que las condiciones sean mejores en otro sitio, como decía al principio para el caso humano. En tal situación, los componentes de la población, que continuamente prospectan el entorno e intercambian información, deciden hacer las maletas y largarse del pueblo a la ciudad tras el efecto llamada.

A veces lo que sucede es una combinación de ambas cosas. Una perturbación local causada por nosotros es la que dispara el abandono, pero a eso se une que en otros sitios las condiciones hayan mejorado y entonces sea atractivo trasladarse. Si en todas partes la situación fuera mala no quedaría otra que capear el temporal, aguantar las molestias y quedarse, haciendo frente a los problemas locales. Analicemos un par de casos para ver cómo el pensamiento metapoblacional puede ser una fuente de inspiración para resolver problemas ecológicos, en el caso de especies coloniales y con alta capacidad de dispersión.

El desplome del arao ibérico

En un estupendo trabajo, publicado hace más de diez años en la revista *Biological Conservation*, un equipo de investigadores de la Universidad de Vigo demostró que la práctica extinción del arao (*Uria aalge*) en Galicia y Portugal no se debió al efecto del calentamiento global sobre los pequeños peces pelágicos, su principal fuente de alimento (1). Llegaron a esta conclusión después de estudiar el desembarco de pescado en lonjas durante el periodo de declive de los araos: 1960-1974. Un resultado que contradecía la creencia popular de que el rápido descenso de los araos se debía a falta de alimento. Dicho trabajo propone como razón última del declive un descenso en la supervivencia local, no en la reproducción, debido sobre todo a la caza ilegal y al uso de redes de pesca de material sintético. Es cierto que aquella época coincidió con el cambio a las redes sintéticas, pero no hay evidencia de que las casi 20.000 aves presentes en el noroeste peninsular a principios del siglo XX acabaran muriendo.

Por otro lado, los urbanitas armados de aquella época —así nació el concepto de "escopetero" frente al de cazador— disparaban desde embarcaciones a alcas y cormoranes en el interior de las rías, mientras que los araos se libraban en mayor grado de la escabechina porque forrajeaban sobre todo en mar abierto. Pero cabe otra posibilidad. Los cambios en la supervivencia local que detectan los modelos siempre pueden ser mortalidad real o por contra mortalidad aparente, es decir, dispersión. En cualquiera de los dos casos la población local baja. Recientemente propuse que los impactos humanos de aquellas décadas pudieron ser un desencadenante de la dispersión en masa de los araos hacia mejores colonias en el Reino Unido (2). Bien mirado, era una situación extraña la de los araos ibéricos, ya que les gusta criar en colonias muy numerosas que les ofrecen ventajas a la hora de localizar alimento, encontrar pareja o defenderse de los depredadores. Además, no existen evidencias de la presencia de esta especie en la Península Ibérica antes de finales del siglo XIX (3), así que quizá alguna situación desfavorable empujase hacia el sur de Europa a unos cuantos cientos de araos desde alguna gran colonia norteña y cuando las cosas empezaron a ponerse mal aquí abajo decidieran poner fin a esa aventura. Demostrar esto no es posible con la información que tenemos. No hay aves peninsulares marcadas que pudieran recuperarse más tarde, porque el anillamiento científico apenas había comenzado en España y Portugal. Pero es una posibilidad que no puede descartarse y que, a mi entender, resulta más verosímil que la muerte de todas las aves (4). Una explicación, además, encuadrada en el pensamiento metapoblacional, que no busca todas las causas a escala local.

Los aguiluchos cenizos del humedal
El otro ejemplo está protagonizado por los aguiluchos cenizos (*Circus pygargus*) de la Comunidad Valenciana, de los que ya he comentado algo en el capítulo 3. Ocupan allí dos tipos de ambientes muy diferentes: unos crían en el interior de la provincia de Castellón, en coscojares espontáneos recuperados tras los incendios forestales de los años setenta, mientras que otros se reproducen en humedales costeros de Castellón y Alicante que son espacios protegidos. En principio, los aguiluchos del interior ocupan un hábitat más parecido a los ambientes esteparios de los que procede la especie. A esta población le va bien y además ha logrado extenderse hasta la vecina Tarragona. Por su parte, la población costera del Prat de Cabanes-Torreblanca (Castellón) creció vertiginosamente desde las 5 parejas censadas en 1987 hasta las 37 del año 1999.

Pero a partir de ese año los aguiluchos empezaron a decaer, de modo que la curva total describe una parábola. También aquí, las razones del declive se han buscado localmente. Los principales sospechosos son los cambios en el uso del suelo y la interrupción de prácticas tradicionales, como la quema de vegetación palustre, tras la declaración del espacio como parque natural. También se han barajado causas regionales, como el aumento de los jabalíes tras el abandono generalizado del medio rural, o incluso globales, como alteraciones en los regímenes de lluvias primaverales a causa del cambio climático. Sin embargo, si uno compara la curva total de crecimiento de la especie en la Comunidad Valenciana, separando las parejas del matorral de las parejas del humedal, se ve claramente que las segundas declinan y las primeras crecen hasta alcanzar una meseta. Un razonamiento de suma cero nos lleva a pensar que las poblaciones del interior crecen gracias a que las costeras decrecen. Es decir porque hay movimiento de aves en un solo sentido. ¿A qué puede deberse? ¿No están cómodas dentro de los espacios protegidos?

Sin duda, hay una parte debida a causas locales y los cambios en el uso del suelo probablemente han hecho que los humedales resulten ahora menos atractivos. Pero para irse a otro sitio primero hay que tener dónde ir y, si es posible, que sea mejor que el anterior. Las condiciones del matorral son mejores desde que la gente ya no vive allí y, de hecho, la colonización de los humedales fue forzada por el impacto humano en las zonas preferidas de los aguiluchos. Los extensos incendios de los años setenta les dejaron sin hábitat adecuado para criar y las zonas húmedas, con su vegetación halófila, aparecieron como una alternativa. Ahora que las condiciones han empeorado en el humedal y, sobre todo, son mejores en sus ambientes originales, toca hacer las maletas de nuevo.

Así pues, la tendencia decreciente de los aguiluchos cenizos en los humedales no debe percibirse como algo negativo, sino como un signo de mejora de las condiciones regionales para la especie. Salen del refugio. Se liberan de presiones del pasado. Si sólo nos centramos en las causas locales percibiremos el declive como una pérdida. Pero si usamos el pensamiento metapoblacional nuestra visión da un giro copernicano. Hay parches peores y mejores cuando las poblaciones se estructuran en el espacio. Y además esa situación no es fija en el tiempo, sino que los peores de hoy pueden ser los mejores de mañana. O viceversa. Por tanto, pensemos globalmente... ¡y actuemos donde buenamente se pueda!

Macho en vuelo de aguilucho cenizo (Circus pygargus). Para entender la dinámica local de una especie, con poblaciones estructuradas en el espacio, es preciso pensar a escala regional, como se ha visto en la Comunidad Valenciana (Foto: Lluc Semis Gasol).

Manual de malas prácticas en conservación

En este capítulo, que remata la sección, me gustaría analizar el caso de las malas prácticas en conservación. Repasaré críticamente algunas medidas que se adoptan y que no me parecen positivas. A cambio, presentaré algunas que deberían aplicarse y que nadie pone en marcha.

Descastes y descartes

Aunque ha quedado demostrado que eliminar puestas, pollos y adultos no funciona para reducir a largo plazo las poblaciones de gaviotas patiamarillas (1), éste es un método que aún se practica en nuestro país. Más concreta y recientemente, en Ibiza. La experiencia acumulada prueba que el número de gaviotas se reduce en cuanto no tienen acceso a sus fuentes más habituales de alimento, es decir, la basura orgánica y los descartes pesqueros (2). Empecinarse en regular sus poblaciones matándolas a tiros o con veneno no tiene pues justificación científica y sólo puede entenderse como una vía rápida de aplacar quejas sociales, aunque genere otras nuevas. Las gaviotas cuentan con mecanismos demográficos que amortiguan ese impacto humano: pueden dirigirse a otras colonias, con lo que simplemente trasladan el problema a otra zona, empezar a criar a una edad más temprana de lo habitual o poner un mayor número de huevos. El caso es que, o estamos matando gaviotas sin freno año tras año, o sólo ponemos un parche temporal y chapucero al problema, pues no tardaremos en regresar a la situación de partida. Por otra parte, la dinámica de poblaciones de las especies presuntamente afectadas por esta gaviota generalista suele depender más de otros procesos, como el ritmo de la sucesión vegetal, los cambios en el uso del hábitat o la disponibilidad de alimento.

En este mismo sentido, defender la bondad de los descartes pesqueros para favorecer a las aves marinas es otro error. Aparte de consolidar una mala explotación de los recursos, equivale a decir que conviene conservar los vertederos de residuos al aire libre porque las cigüeñas se han acostumbrado a usarlos. Las gaviotas no dependen de los descartes ni de la basura. Los aprovechan si están disponibles en aplicación de la ley principal que rige el cosmos: la del mínimo esfuerzo. Pero de ahí a que no puedan sobrevivir sin ellos hay un largo trecho.

Las pardelas baleares tampoco dependen de los descartes pesqueros, simplemente los aprovechan si están disponibles. Que sepamos, extraen de ellos en torno al 40% de sus requerimientos energéticos (3), pero si no existieran sobrevivirían pescando. Una mejor gestión de la pesca de arrastre repercutiría a la larga en la recuperación de las pesquerías, lo que a medio y largo plazo se traduciría en más comida disponible para pardelas y gaviotas. Eso sí, no se trata de que los descartes se escondan debajo de la alfombra en lugar de tirarse al mar, sino de evitar que se generen con las mejores técnicas pesqueras disponibles. Seguir pescando como hasta ahora (de manera insostenible) e impedir el acceso de las aves marinas a los descartes es simplemente un absurdo.

Especies elegidas y especies olvidadas

Otro error habitual en las políticas de conservación es adoptar especies favoritas a las que se dedican todos los esfuerzos. Olvidándose, claro está, de muchas otras. Un caso curioso es el de la marsopa (*Phocoena phocoena*). Todo el mundo se preocupa mucho, y con razón, de la amenazadísima vaquita marina (*Phocoena sinus*) de Baja California (México), pero pocos se acuerdan de que nuestras "vaquitas" desaparecieron hace tiempo del Mediterráneo, salvo esporádicas observaciones y algunos varamientos aislados. En el Atlántico sobrevive una pequeña población cifrada en unos 300 individuos que se distribuyen sobre todo entre las Rías Baixas gallegas y Portugal. En Galicia se las conoce como "toniñas" o "toliñas", palabra que vendría a decir algo así como "locuelas", al menos en el segundo caso. Un ejemplo más: ¿quién habla de recuperar al misterioso torillo andaluz (*Turnix sylvatica*)? Puede que ambas especies, torillos y marsopas, estén condenadas al olvido por no ser tan grandes ni atractivas como los rorcuales y las avutardas.

Especies innobles

Hay otras especies de las que sí nos acordamos, pero para considerarlas de segunda categoría. Proceden de muy lejos o suelen ser plagas y su mejor destino es la extirpación. Estos odios se dirigen sobre todo hacia las llamadas especies invasoras que no lo son por sus características propias, sino por el estado de los ambientes que permiten su proliferación (4). La gaviota patiamarilla citada al principio o el jabalí son ejemplos de especies nativas invasoras y las cabras silvestres de Mallorca podría serlo de especies alóctonas. De esta última se ha llegado a decir, en esta misma revista, que es peor que el asfalto para los ecosistemas en los que vive. Las cabras pueden causar daños muy aparentes en la vegetación; pero, que sepamos, no provocan extinciones que sí pueden atribuirse al asfalto o al hormigón, materiales que acaban con el banco de semillas de algunas plantas de distribución muy localizada, como de hecho ha ocurrido con varias especies de saladillas endémicas del género *Limonium* en el antiguo Prat de Magaluf (Mallorca).

Además, las plantas cuentan con defensas ante la herbivoría, ya sean químicas o físicas, controladas por complejos mecanismos genéticos y epigenéticos, que garantizan su persistencia en el tiempo. Sobre todo si hablamos de una isla donde ha habido mamíferos herbívoros durante la friolera de 5 millones de años. Tras el éxodo rural, el campo se encuentra en unas condiciones que si no hubiera cabras habría que inventarlas para evitar la pérdida de especies amantes de los espacios abiertos y reducir el alto riesgo de incendios. Bien empleadas (o sea, bien pastoreadas), las cabras pueden ser una valiosa herramienta de gestión ambiental, así que tratar de erradicarlas totalmente, aparte de poco realista, sería perder un posible aliado. Conste que no hablo aquí de pequeños islotes, más vulnerables a cualquier impacto por razones de superficie y aislamiento.

En general, no hay especies buenas ni malas. Son nuestras actividades las que generan las condiciones adecuadas para que puedan resultarnos más o menos útiles o problemáticas según las circunstancias. Lo más práctico suele ser cambiar esas circunstancias, aunque resulte más costoso o exija coordinar a distintos departamentos administrativos. El resultado será duradero.

Ante la duda, levantar acta

Pero si hay una especie innoble, esa es sin duda la rata. El rechazo que sentimos por ella procede de su papel como supuesto vector de la peste negra. Pero, ¿y si no fuera así? Algunos estudios sugieren que las pulgas de las ratas no tuvieron nada que ver con la expansión de la peste bubónica, sino que los culpables fueron los propios parásitos humanos, entonces tan comunes dadas las malas condiciones de higiene. Otros estudios añaden que los reservorios no fueron las feas ratas, sino las bonitas marmotas y los simpáticos jerbos (5). Acierten o no estos estudios, el caso es que nos hacen dudar de uno de los dogmas más asentados en nuestra relación con el reino animal.

Lo que pretendo introducir en la mente del lector es que conviene dudar de todo y alejarse de las posturas de total seguridad a la hora de intervenir. Por regla general, yo diría que más vale maña que fuerza y que es preferible disponer de estudios piloto a pequeña escala antes de valorar qué es lo adecuado hacer a escalas mayores. Es decir, proceder con cuidado y siempre con miedo a equivocarnos, o a obtener resultados imprevistos e indeseables (1). Como decía Sócrates: "sólo sé que no sé nada."

Olvidaba añadir que, puestos a intervenir a gran escala, siempre es buena idea tener documentada la situación de partida para poder evaluar después la efectividad de nuestras actuaciones. La mejor manera de cambiar las cosas es levantar acta de lo que hay ahora. Una máxima bien sencilla pero que sorprendentemente suele ser pasada por alto más a menudo de lo que debiera.

Una golondrina no hace primavera

Maqueta de marsopa (Phocoena phocoena) exhibida en la Casa do Mar del faro de Mera (Oleiros, A Coruña). Esta especie cuenta con escasos efectivos en el Atlántico, pero fue extinguida hace mucho en el Mediterráneo. Hoy nadie se acuerda ya de esta "vaquita" en grave estado de conservación (Foto del autor).

PARTE II. ECOLOGÍA

Con los pies en el suelo

En ecología suelen hacerse clasificaciones bastante artificiales y de escasa justificación. Por ejemplo, distinguir entre ecología terrestre y acuática, o entre ecología de aguas continentales y marinas. Hay, sin embargo, una distinción poco frecuente que sí tendría pleno sentido hacer: separar la ecología de los seres vivos sésiles de aquella de los seres vivos móviles.

Curiosamente, tal separación uniría a las plantas con los animales sésiles bajo un mismo epígrafe. Ni un alga, ni un musgo, ni un helecho, ni un brezo, ni un roble pueden salir corriendo ante la llegada de un herbívoro o una perturbación ambiental. Tampoco pueden hacerlo esponjas, corales, percebes, briozoos o mejillones. Esa condición determina toda su ecología, la manera en que se relacionan con su entorno. Si gestionaras una empresa dedicada a encontrar sustancias químicas capaces de curar enfermedades humanas deberías empezar a buscar entre los seres que viven atados al suelo.

Cuando no se puede salir por piernas hay que buscar soluciones alternativas y la más práctica es convertirse en una bomba química. Son las plantas (hasta las más comunes, poco llamativas y aparentemente inútiles) las que han desplegado una carrera armamentística con abundantes defensas químicas y no los mamíferos. Son los corales y las esponjas quienes pueden contener remedios para cualquiera de nuestros males y no los insectos. Nunca olvidaré que fue una vil artemisa la que, con su artemisina, me sacó de las garras de una muerte segura por malaria de *Plasmodium falciparum* contraída en una estancia en Guinea Ecuatorial.

Diálogos de un ecólogo con un herpetólogo

En los ratos sueltos que la frenética actividad docente permite, me gusta tener conversaciones con Pedro Galán, compañero de la Universidade da Coruña que ha dedicado su vida a entender a los reptiles y a los anfibios. Muchas veces le cuento las cosas que voy reflexionando con mis modelos de estudio, mayoritariamente aves y mamíferos, y casi siempre Pedro acaba concluyendo que mis planteamientos no son aplicables a sus bichos. La razón es que tanto aves como mamíferos son bastante independientes de lo que pueda ocurrir en zonas concretas de sus hábitats locales, porque tienen la capacidad de irse cuando las cosas se ponen mal. Pero nada de eso vale para una rana, un tritón o un sapo. Tampoco para la mayoría de los reptiles, aunque muchos de ellos sean campeones en movilidad, como las ancestrales tortugas laudes.

Aves, mamíferos, reptiles y anfibios son todos ellos tetrápodos, pero esa agrupación tiene poco interés ecológico. Aves y mamíferos son homeotermos, mientras que reptiles y anfibios son heterotermos. Esta clasificación sí da jugo a la hora de entender su ecología y coincide con la que defiendo aquí al separar entre formas muy móviles y otras más bien estáticas. ¿Están relacionados ambos aspectos? Me refiero a la endotermia/ectotermia y a la mayor o menor movilidad. ¿O es pura coincidencia? Bueno, parece algo más que una coincidencia. Poder moverse sólo cuando el sol aprieta representa una doble limitación: por el día te puedes sobrecalentar y de noche estás condenado al reposo.

Imaginemos una perturbación ambiental que consistiera en reabrir con un buldócer un antiguo cortafuegos que llevaba diez años intacto. Ese mismo cortafuegos es utilizado por jabalíes y lobos para desplazarse por la noche hacia sus zonas de alimentación, como si fuera una autopista. También lo usan los anfibios durante su fase terrestre, que encuentran buenos refugios bajo sus piedras. Tras el paso de la maquinaria pesada podemos esperar que ambos grupos, los muy móviles y los menos móviles, se vean afectados por el cambio de escenario. Sin embargo, no es así. Lobos y jabalíes volverán a usar el cortafuegos 24 horas después de que las máquinas se hayan ido (lo hemos constatado mediante fototrampeo), mientras que los anfibios se habrán visto arrasados y tardarán meses o años en volver a colonizar un medio tan alterado. Como me repite Pedro incansablemente, el destino de los anfibios es el destino de su hábitat. Para los que pueden salir corriendo no.

Lo que vimos gracias a nuestras cámaras de foto-trampeo es que el buldócer no afectó a lobos y jabalíes, sino más bien al contrario, ya que les dejó una ruta más despejada hacia sus zonas de forrajeo. Así pues, a la hora de valorar el efecto de una perturbación no tenemos más remedio que preguntarnos: ¿Impacto? ¿Respecto a quién? La apertura de un cortafuegos no es ni una catástrofe ni un acto sin consecuencias o con consecuencias positivas. Como hemos visto otras veces, no hay una respuesta universal. Todo depende de nuestras prioridades de conservación. De lo que queramos tener. Si la zona es un punto caliente por su diversidad de anfibios o abundan las especies endémicas, haríamos bien recomendando precaución con tales prácticas. Pero, si lo que nos importa es el lobo, no deberíamos preocuparnos demasiado por esta estrategia para la prevención de incendios.

Lo que sí parece universal es que no podremos tener de todo en ese cortafuegos. En términos matemáticos, maximizaremos la función para un grupo o para otro, pero no tendremos dos máximos de la función. Pensar lo contrario es ilusorio y está lejos de la realidad, por mucho que nos incomode. Negarse por defecto a cualquier alteración del hábitat roza el fundamentalismo ambiental y la ignorancia ecológica. No podemos escapar de estudiar caso por caso cada problema. Todo lo contrario de lo que anhelaríamos como envidiosos que somos de la física de principios universales.

Sésiles, pero no tanto

De todos modos, siempre hay grados en esto de la movilidad. No es una cuestión cualitativa de sí o no, sino más bien cuantitativa. Por ejemplo, cuando vemos rodar por millares a las plantas del desierto, que dispersan sus semillas empujadas por el viento, no estamos tan seguros de que los vegetales se muevan poco. Dos especies estepicursoras de nuestra flora, como la barrilla (*Salsola kali*) y el cardo corredor (*Eryngium campestre*), se desprenden de la parte aérea de la planta cuando las semillas están maduras. Esa parte seca y ya muerta se separa del tallo o de la raíz y el viento se encarga de arrastrarla libremente. Esta estrategia para dispersar las semillas no es exclusiva de las fanerógamas, sino que se da también en los hongos y en unas plantas emparentadas con los helechos que conocemos como *Selaginella*. Algo equivalente ocurre con los crustáceos del género *Balanus*, cirrípedos epibiontes que viajan sobre tortugas marinas y cetáceos. Aunque ellos sean sésiles, se las ingenian para recorrer todos los rincones del mundo. Desplazarse a lomos de otro también es moverse. A fin de cuentas, nosotros no solemos recorrer el mundo a pie, sino a bordo de algún medio de locomoción.

Excepciones aparte, la capacidad de trasladarse lo determina casi todo: encontrar comida o pareja en otro sitio si las cosas se han puesto mal donde resides, sobrevivir cuando la meteorología se pone adversa, recolonizar una zona arrasada, librarse de un depredador o un competidor y encontrar mejores socios. Sin embargo, pensar que con mayor movilidad te conviertes en alguien mejor preparado para afrontar los cambios ambientales es mucho decir. De hecho, hace millones de años que el planeta cuenta con corales y esponjas, plantas y hongos. Tanto responde a una perturbación el abejaruco que migra como el sapo que se entierra. Son sólo estrategias diferentes. Eso sí, el sapo que se entierra es más dependiente de las alteraciones de su hábitat que el abejaruco. Tal vez la diferencia radique en la capacidad de respuesta o recuperación ante las perturbaciones. La maquia de lentiscos que no puede volar se quema en un incendio pero recupera el porte perdido años después. Digamos que todo va más lento en el mundo de los sésiles. Es como si la vida tuviera dos velocidades.

Volviendo al inicio, para cerrar el círculo, si eres sésil tienes menos capacidad de escapar a la perturbación, pero un gran aguante para resistirla o recuperarte de ella. La grulla migra porque no puede enterrarse en el suelo o hibernar. Como ya he dicho en alguna ocasión, no es sólo que la grulla migre porque tiene alas. Los anfibios (seres sin capacidad de vuelo) aparecieron en la larga historia de la vida mucho antes que los reptiles con plumas que ahora llamamos aves y aún siguen aquí. A fin de cuentas ¡sólo por necesidad se sale corriendo!

Con los pies en el suelo

Sapo de espuelas (Pelobates cultripes) a medio enterrar. Los vertebrados con escasa capacidad de desplazamiento, como los anfibios, curiosamente son capaces de resistir mejor perturbaciones severas como los incendios forestales que otras especies más móviles como los reptiles (Foto: Pedro Galán).

¿Compensa o no compensa?

Quizás sea éste uno de los temas más difíciles sobre los que he escrito. Yo mismo estaba pendiente de responderme a la siguiente pregunta: la mortalidad de fauna causada por el ser humano ¿es compensatoria o aditiva con respecto a las causas naturales? Es decir, ¿matamos lo que ya iba a morir de todas formas o se añade a la mortalidad natural? Y, sobre todo, ¿es este asunto importante para la conservación de especies y poblaciones?

En los episodios catastróficos de mortalidad, como el vertido del *Prestige* en noviembre de 2002, nos sobrecogemos ante la avalancha de aves marinas petroleadas. La sociedad se siente dañada y miles de voluntarios arriman el hombro para limpiar las costas y rescatar a las aves aún vivas. Un acto, sin duda, noble y altruista que nos honra como especie. Pero ¿es también efectivo? Las poblaciones de aves marinas, ¿pueden irse al garete por el vertido de un petrolero? La respuesta es compleja y tenemos que recurrir al odioso "depende".

Si el vertido afecta a las poblaciones reproductoras de esas aves marinas es probable que sus efectos sean muy graves. Dañará a los adultos residentes. Muchos de ellos pueden ser individuos con un gran valor reproductivo, calculado por el número de descendientes (hembras) que nacerían en el futuro a partir de una hembra actual. Además sabemos que en las poblaciones animales, aunque sean numerosas, sólo unos pocos individuos monopolizan la reproducción o tienen la suficiente condición física para dejar descendientes que sobrevivan y lleguen a reproducirse. Si esos pocos adultos mueren, el impacto sobre la población será elevado.

También hay que tener en cuenta el sistema de emparejamiento y si la mortalidad adulta es equiparable en ambos sexos. Por ejemplo, en caso de poliginia, cuando los machos fecundan a varias hembras, lo importante es la mortalidad femenina, porque basta con que queden unos cuantos machos para que la población remonte. Con esta idea en mente, sexamos hace años a los cormoranes moñudos conservados en los congeladores de los centros de recuperación de fauna de Galicia (1). Queríamos saber si un vertido de fuel podía ser un agente selectivo de mortalidad o si mata al tuntún. Lo que encontramos es que el vertido del *Prestige* fue un matarife selectivo. Aunque mató por igual a adultos e inmaduros, se cebó en las hembras adultas. La explicación de un hecho tan sorprendente está en las fechas del siniestro. En noviembre, los machos pasan más tiempo que las hembras en tierra firme para defender los lugares de cría, mientras las hembras se alimentan en el mar. Por tanto, el vertido del *Prestige* afectó sobre todo a las hembras y eso complicó la recuperación de las colonias locales, ya muy maltrechas por la escasez de su principal presa, los lanzones, en unos fondos arenosos cubiertos de fuel.

Cruda realidad

Ahora bien, si analizamos el caso de alcas, araos y frailecillos, aves marinas no residentes, los resultados cambian drásticamente. Los inmaduros fueron los más afectados, ya que son los que nos llegan como invernantes desde las colonias del norte de Europa. El valor reproductivo de estos inmaduros es mucho menor que el de los cormoranes adultos residentes. Podría decirse que muchos de ellos son demográficamente redundantes o prescindibles. Vienen a ser una especie de seguro de vida para las poblaciones ante la pérdida de adultos reproductores. Las tasas de crecimiento de las colonias norteñas afectadas por la pérdida de miles de invernantes apenas se vieron alteradas. Gran parte de aquellas aves habrían muerto de forma natural, no tendrían acceso a la reproducción o sus crías no llegarían nunca a reproducirse. Da pena reconocerlo, pero así de dura es la realidad en colonias de aves sociales y longevas. De hecho, son colonias que se ven afectadas por mortandades masivas naturales, por ejemplo cuando un iceberg bloquea la entrada de una bahía y miles de pingüinos no pueden acceder a sus fuentes de alimento. Son eventos que suceden muy rara vez, claro. Pero se convertirían en un grave problema si su frecuencia aumentase o si nosotros causáramos catástrofes más a menudo. A Darwin ya le resultó sorprendente que fueran precisamente las aves marinas quienes forman las poblaciones más numerosas de aves cuando su esfuerzo reproductor por temporada suele ser bajo. La clave está en que la mortalidad también suele ser baja, o la supervivencia anual alta, según se mire.

La regulación de tales poblaciones ocurre de forma puntual en el tiempo, cuando sobreviene una de esas catástrofes locales que afectan a los adultos residentes de mayor valor reproductivo. Así pues, un vertido de crudo puede ser compensatorio o aditivo según dónde ocurra y la especie implicada. No hay una respuesta sencilla y universal. A veces un pequeño daño selectivo que afecte a elementos clave de las poblaciones puede ser muy perjudicial y, viceversa, una perturbación grande que no implique a esos individuos singulares puede no tener grandes repercusiones.

Conviene aclarar que no manejo aquí conceptos éticos, ni considero el valor intrínseco de cada individuo en una población sino de la moneda que se emplea en la preservación de especies que es el destino de toda la población en bloque.

Caza de aves acuáticas

Es probable que algo parecido pueda decirse sobre la caza de patos. Para alguien que se ha criado en la Albufera de Valencia saber qué impacto puede tener la caza es una duda constante. Hay heterogeneidad dentro de las poblaciones de patos. Unos individuos son de buena calidad y otros no tanto. Si los que llegan a los vedados y son cazados son los de baja calidad, la caza podría tener un carácter compensatorio. Pero si se cazan los patos de mayor valor reproductivo, entonces tendría un carácter aditivo. Para saber si la caza es selectiva o mata al azar habría que entrar en los vedados y determinar la edad y el sexo de las aves cazadas. Eso sí, dada la situación de la Albufera en las últimas décadas, es innegable que son más los patos beneficiados por la disponibilidad de hábitat y comida durante su invernada en el sur, que aquellos perjudicados por la caza. A mí no me gusta la estética de la caza de patos, aunque pueda disfrutar de un arroz con focha, y no soy sospechoso de defenderla por simpatía. Pero si nos atenemos a la cruda realidad, la caza de acuáticas permite mantener a la mayor parte de los patos invernantes en Valencia. Saber si el reciente declive de algunas especies en sus zonas de invernada se debe a los excesos de la caza o a otras razones más globales, como la renuncia a migrar del norte al sur debido al calentamiento global, es un tema que requiere estudio (2). Pero sospecho que la respuesta no será sencilla ni universal y que variará según la zona y la especie en cuestión.

Nutrias y atropellos

Muchas nutrias mueren atropelladas en las carreteras, hasta tal punto que se ha convertido en su principal factor de mortalidad no natural. Atrás quedaron los tiempos en que eran perseguidas por sus pieles o se veían afectadas por la contaminación del agua. Tratar de paliar esta mortalidad es muy loable y a mí, por ejemplo, no me gusta nada que atropellen a "nuestras" nutrias allí donde las estudiamos. Pero habría que ver cuán relevante es que mueran de esa manera a escala de poblaciones.

En el mundo hay trece especies de nutrias y muchas de ellas tienen enemigos directos, es decir, no son depredadores apicales. Por ahora, las nutrias euroasiáticas carecen de depredadores, ya que la gran fauna que podía comérselas desapareció a finales del Pleistoceno. En otras palabras, una especie regulada, al menos parcialmente, de arriba abajo, pasó a depender únicamente de la disponibilidad de alimento, es decir a un control de abajo arriba. Por tanto, los atropellos podrían equivaler a uno de esos depredadores (no selectivos) perdidos. No creo que llegue a tener un efecto comparable al de la persecución humana del pasado. Los atropellos podrían hacer que una zona concreta se convierta en un sumidero de nutrias errabundas, pero no acabarán con la expansión generalizada de la especie desde que los ríos están en mejor estado y no las cazamos. Pero, consideraciones biológicas al margen, tratar de evitar esos atropellos es un signo de civismo y una oportunidad educativa a explotar.

El tema es inagotable. Podríamos preguntarnos si es compensatoria o aditiva la mortalidad por contaminantes, si es más importante en poblaciones en crecimiento o estables e incluso si es defendible la labor de los centros de recuperación de fauna que rescatan pollos condenados a morir de manera natural (aspectos éticos, educativos, políticos y sociales aparte) (3). Mi predicción seguirá siendo la misma: cada caso será un mundo y cada respuesta requiere estudio. Además, seguro que esa respuesta no será sencilla y que variará según la especie y el lugar. La heterogeneidad, ya sea de especies, estrategias o respuestas, es la regla de la biosfera, por mucho que nos duela admitirlo.

Las nutrias europeas (Lutra lutra) carecen ahora de depredadores. Si no les falta comida sus poblaciones podrían soportar mayor impacto humano que otras especies de nutria también afectadas por la actividad humana pero que cuentan con depredadores. (Foto del autor).

Depredar ¿sinónimo de regular?

He aquí una de esas preguntas que, sólo con leerla, eleva los niveles de adrenalina de cualquier naturalista. Los depredadores levantan pasiones, seguramente debido a oscuros atavismos que se remontan a cuando envidiábamos sus habilidades venatorias. Más aún en nuestros días, tras siglos de persecución oficial de estas especies. Pero que nos atraigan los depredadores no debería forzar la realidad para protegerlos. El fin (conservar) no justifica los medios (exagerar o tergiversar), al menos no para acumular conocimientos y creo que tampoco con fines prácticos.

¿Regulan los depredadores las poblaciones de sus presas? Han corrido ríos de tinta sobre este apasionante asunto, sobre todo con los insectos como modelo, porque la depredación no es patrimonio de leones y leopardos. Dejemos que las evidencias científicas hablen por sí mismas. De entrada, el asunto es controvertido porque hay varios factores que regulan las poblaciones de presas: los depredadores, claro, pero también el clima, la disponibilidad de alimento, las enfermedades o la competencia entre especies. Incluso hay otros factores, como luego veremos, que influyen en la eficacia de los depredadores como reguladores de sus presas. Además, es difícil que los estudios cuenten con plazos de tiempo y escalas espaciales suficientes para apreciar tales efectos, sobre todo cuando se refieren a vertebrados. Como casi siempre en ecología, no hay una respuesta universal a la pregunta del título, sino varias respuestas dependientes del contexto. Para acabar de complicar las cosas, los efectos de los depredadores sobre las presas pueden darse con cierto retraso temporal, por lo que es difícil detectarlos (1).

Respuestas funcionales y numéricas

La mejor manera de empezar a poner un poco de orden es presentar las denominadas "respuestas funcionales" que propuso Holling hace ya casi sesenta años. Holling se subió a los hombros de algunos gigantes que llegaron antes que él —como Lotka, Volterra y Bailey— y sintetizó los tipos de depredadores, en concreto su tasa de caza con muerte, en función de la abundancia de las presas. El caso más simple es el de los depredadores con respuesta de Tipo 1, en los que la tasa de caza con muerte aumenta proporcionalmente con la abundancia de presas. Por ejemplo, cuantos más conejos hay en un medio determinado, mayor número de ellos son cazados por un águila, lo que se representa con una estupenda línea recta ascendente.

La respuesta de Tipo 2 es un poco más realista y viene a decir que los depredadores no estarán comiendo siempre más presas si su abundancia aumenta en el medio, sencillamente porque se sacian. La curva de este Tipo 2 se satura a altas abundancias de presas. Finalmente la respuesta de Tipo 3 es la más incluyente. Su curva tiene forma de S, con un valle a bajas densidades de presas, porque los depredadores tienen dificultades para localizarlas cuando son escasas y, como en el caso anterior, se saturan si son muy abundantes. Sabemos que este tipo de respuesta se da entre lobos y alces, lobos y renos o entre coyotes y liebres. No obstante, la respuesta puede variar para una misma especie de depredador según el tipo de presa. Por ejemplo, según un estudio realizado en México, el puma tuvo respuestas de tipo 1 ó 2 con las presas más abundantes (armadillo y coatí), pero sólo de tipo 1 con la presa más escasa (ciervo de Virginia) (2).

Más o menos por esos mismos años otros ecólogos describieron la "respuesta numérica", según la cual la abundancia de los depredadores (no la tasa de caza con muerte) aumenta cuando se incrementa también la de sus presas. Esta respuesta ha sido descrita entre coyotes y conejos o liebres, así como entre lobos y alces. Si tenemos en cuenta a la vez los dos tipos de respuesta (funcional y numérica) obtenemos la llamada "respuesta total", que con bajas abundancias de presas puede hacer que la tasa de caza con muerte sea cada vez mayor, a medida que aumenta la cantidad de depredadores. O también puede hacer que con altas densidades de presas la tasa de caza con muerte sea cada vez menor al aumentar el número de depredadores. Esta respuesta total se da en el caso de lobos y alces (1).

Otros aspectos a tener en cuenta

Además del tipo de respuesta del depredador a la abundancia de presas, hay que tener en cuenta si se trata de un especialista (obligado a un tipo de presa) o de un generalista (puede depredar sobre varias presas). En contra de lo que pudiera parecer a primera vista, la influencia de un depredador generalista sobre la abundancia de una presa puede ser mayor que la del especialista. Si la presa principal escasea, el especialista no tiene más remedio que reducir su grado de influencia sobre ella o su propia abundancia, mientras que el generalista puede recurrir a otras presas secundarias y seguir ejerciendo un control importante sobre la principal, aunque sea escasa, generando situaciones de "híper-depredación". Para rizar aún más el rizo, muchas especies a las que llamamos especialistas han demostrado que se comportan como generalistas cuando les resulta rentable hacerlo y siempre que un generalista todoterreno no se lo impida. De modo que estas distinciones entre especialista y generalista existen más sobre el papel que en la vida real.

Tampoco será lo mismo si el sistema depredador-presa que analicemos es pobre o rico en especies. Muchos estudios se han llevado a cabo en Escandinavia, donde la riqueza de depredadores y presas es mucho menor que en nuestras latitudes mediterráneas. En un sistema más rico en especies, donde se mezclan los depredadores obligados y los facultativos, la complejidad aumenta enormemente y es más difícil averiguar qué papel regulador desempeña cada depredador en concreto. Otra cosa es que nos conformemos con concluir algo acerca del papel de "la depredación" (en lugar de los depredadores), como reguladora.

Entonces, ¿qué?

Si tenemos en cuenta el tipo de comunidad, el tipo de depredador y su comportamiento con respecto a la abundancia de las presas, podemos concluir que los depredadores actúan, en efecto, como agentes reguladores. Pero, con matices. Lo hacen principalmente en cuatro escenarios: cuando las presas son ya de por sí escasas, cuando deben compartirlas con otros depredadores, cuando los depredadores son generalistas y pueden recurrir a otras fuentes de alimento o, finalmente, cuando las presas más afectadas son las de mayor valor reproductivo. En este último caso, la depredación no se dirige a los ejemplares más jóvenes o más viejos o con menos salud y es, como vimos en el capítulo anterior, aditiva y no compensatoria (3).

En todos estos escenarios, así como en sistemas muy simples y pobres en especies, como los del norte de Europa y de América, las abundancias de depredadores y presas pueden acabar generando ciclos periódicos, aunque con cierto desfase temporal entre ellos. O, al menos, fluctuaciones recurrentes. Si las presas no pueden refugiarse de los depredadores cuando coinciden varias de las premisas anteriores, entonces su abundancia puede reducirse de forma permanente, generando "pozos del depredador". Al margen de esos casos extremos, lo habitual es que se consigan abundancias de presas y depredadores más o menos estables y predecibles en torno a una teórica (y variable) capacidad de carga, donde la regulación se basa en la competencia por el alimento. Otros factores, como el clima, hacen fluctuar a las poblaciones de presas de una manera más impredecible. Lo más curioso es que un mismo sistema puede ajustarse a un modelo u otro de forma variable en el tiempo, según vayan cambiando las circunstancias. El efecto de las pesquerías sobre las especies explotadas es un buen ejemplo.

Otros papeles de los depredadores

Hay otros aspectos de la depredación que son potencialmente más relevantes para la persistencia y evolución de los ecosistemas que la regulación de sus presas y, sin embargo, solemos prestarles menos atención. Los depredadores no perciben a sus presas como bolas de billar, es decir, como si fueran todas iguales. La depredación suele ser selectiva, por una cuestión termodinámica de economía de medios, la ley que rige el cosmos entero. Los depredadores cazan más fácilmente las presas jóvenes, viejas, inexpertas, débiles o enfermas y, con ello, practican una selección pasiva a favor de los individuos más sanos y resistentes y con menores probabilidades de morir por otras causas. Ese es un papel incuestionable de los depredadores y de enorme trascendencia (4).

Otro punto a tener en cuenta es su importante papel como dispersores de frutos, especialmente en el caso de los carnívoros. Las poblaciones de lobos u osos que han sobrevivido en paisajes altamente humanizados sobreviven (entre otras muchas cosas) haciéndose más carroñeros (por aprendizaje o por selección), más herbívoros, más frugívoros, lo que evita conflictos con el ser humano. Por ello, deben jugar un papel muy pequeño como reguladores de sus presas potenciales pero, probablemente, influyan mucho a la hora de dar forma a la estructura de los bosques donde habitan (5).

Finalmente, no es despreciable tampoco el papel de los depredadores en la distribución espacial de las especies. Las presas tienden a hacer las maletas y mudarse a sitios con una menor carga de depredadores. Un ejemplo claro es el de la colonización de las ciudades por especies que huyen de la recuperación de los depredadores fuera de ellas. Claro que, con el tiempo, también los depredadores se mudarán a las ciudades, al reclamo de sus presas, y esos refugios de paz también se acabarán. Todo está en continuo movimiento.

Una golondrina no hace primavera

Lobo captado por una cámara de foto-trampeo en pleno día. Los lobos sujetos a una alta persecución humana no regulan sustancialmente las poblaciones de sus presas potenciales, dado que son fundamentalmente carroñeros, lo cual les evita conflictos con los seres humanos (Fototrampeo del autor y Bibi Santidrián).

Geo-bio revisitado

En el Lenguaje de la Biosfera (Ediciones Rodeno, 2016) dediqué un capítulo de la primera parte del libro a las interacciones entre la geología y la biología, disciplinas típicamente abordadas por separado. La síntesis entre estas dos ciencias es un tema que ha seguido golpeando las puertas de mi encéfalo de modo que con el tiempo he acumulado nuevos ejemplos de cómo muchas veces geo y bio no pueden ni deben entenderse de manera aislada, sino en conjunto.

Saber un poco de geología es una de las cosas que más pueden enriquecer a un biólogo o a un naturalista. La vida emergió y emerge de lo inanimado, y a su vez lo inanimado se ve influido por la vida. Comprobar cuán íntimamente se relacionan ambos mundos es una enorme satisfacción. Donde más claramente se aprecia este vínculo es en el papel decisivo que juegan las plantas para preservar el agua del planeta.

Fotosíntesis y ciclo del agua

Nos suelen enseñar el ciclo hidrogeológico como algo al margen de la vida, y la fotosíntesis como algo ajeno al ciclo del agua. Sin embargo, ambos procesos están muy relacionados. La radiación ultravioleta de alta energía que nos llega desde el sol tiende a descomponer las moléculas de agua en mares y lagos, de modo que el oxígeno liberado acaba por oxidar todo lo que encuentra a su paso, ya sean rocas ricas en hierro o a los propios animales. También se acumula en forma de ozono cuando ya está todo oxidado. El hidrógeno, por su parte, es más ligero y acaba por perderse en el espacio, fuera de los límites de la atmósfera. Desde que la Tierra obtuvo sus mares, una adquisición en la que primero intervinieron los asteroides y luego la actividad volcánica, no ha dejado de ir perdiéndolos lentamente. Un proceso idéntico al de otros planetas sólidos de nuestro sistema solar, como Marte o Venus, donde no queda ni gota de agua.

La diferencia entre la Tierra, Marte y Venus es que en nuestro planeta los ancestros de las cianobacterias inventaron la fotosíntesis. Gracias a ella, las moléculas de agua se escinden y es tal la cantidad de oxígeno que se desprende como subproducto que el hidrógeno que hay en la atmósfera, debido a la acción de la radiación ultravioleta, acaba combinándose de nuevo con oxígeno para formar agua. Un agua que, convertida en lluvia, compensa la pérdida que sufren los mares (1). De alguna manera podría decirse que la fotosíntesis lo es todo para la vida en este planeta. No podría ser de otra manera, ya que la vida se ha desarrollado en la Tierra de acuerdo con la cantidad de oxígeno que ella misma ha generado sin querer. La única excepción son algunas formas vivas anaerobias, como las bacterias fijadoras de nitrógeno, que son relevantes reliquias de los tiempos anteriores a la fotosíntesis y pobres en oxígeno.

A decir verdad, la acumulación de oxígeno en la atmósfera no se entiende sin la participación de la gea. Prácticamente todo el oxígeno que se libera a través de la fotosíntesis es luego consumido por parte de plantas y animales en sus procesos de respiración celular. Eso hace que la concentración de oxígeno se mantenga más o menos constante en la atmósfera. Por tanto, en algún momento de la historia tuvo que pasar algo que permitió al oxígeno acumularse masivamente en una atmósfera primitiva rica en nitrógeno. Algo que evitase la respiración, o sea, la combustión de materia orgánica. Uno de aquellos eventos tuvo lugar en el Carbonífero, hace unos 300 millones de años, cuando las plantas colonizaron la tierra firme y se expandieron como locas. Aquellos bosques de helechos gigantes y cicadales acabaron enterrados por procesos geológicos sin que llegaran a descomponerse. De hecho, no existían aún las bacterias capaces de descomponer la compleja lignina. El resultado fue lo que ahora llamamos "carbón". Se ha calculado que la concentración de oxígeno en la atmósfera terrestre durante el Carbonífero llegó a ser del 33%, mientras que ha ido disminuyendo desde entonces hasta el 21% actual.

Bio-precipitación

Pero la interacción geo-bio no se limita a evitar la pérdida de agua. Al parecer, el granizo y la nieve dependen en gran medida de la actividad de ciertas bacterias para formarse. En unos pocos milímetros del núcleo de una bola de granizo puede haber miles de bacterias. Concretamente, la bacteria *Pseudomonas syringae* alberga en su superficie una proteína que provoca un tal ordenamiento de las moléculas de agua que logra congelarlas a temperaturas más altas de lo normal. Con ello, estas bacterias obtienen una ventaja vital, dispersarse a largas distancias, por lo que se cree que no es una estrategia azarosa, sino que ha evolucionado por selección natural.

La actividad de las bacterias parece estar también detrás de la lluvia que cae sobre los bosques. Las nubes no sólo se forman mediante evapotranspiración de la cubierta vegetal, sino gracias a aerosoles de bacterias que son elevadas por las corrientes térmicas.

Las plantas y el relieve kárstico

En este sentido conviene recordar que los famosos relieves kársticos no son sólo resultado de la actividad erosiva del agua. El pH del agua de lluvia es sólo ligeramente ácido, pero se recarga de acidez al atravesar el perfil del suelo y entrar en contacto con los ácidos húmicos que producen los vegetales en descomposición. Una vegetación que ha podido desarrollarse gracias a la erosión de la roca madre causada por líquenes y musgos, aparte de los agentes meteorológicos. Todo esto significa que, cuando vemos las caprichosas formas de la Ciudad Encantada de Cuenca o de La Pedriza madrileña, hemos de recordar que casi todo aquello se formó bajo el suelo. Aquel suelo que antaño cubría las rocas rellena ahora antiguas depresiones o fue arrastrado por los ríos hasta el mar. Es difícil imaginar tal pérdida de suelo, pero es lo que provoca el efecto acumulado durante milenios del pastoreo, la tala y el fuego.

Ya que hablamos de relieves kársticos, una de sus principales características es la formación de ríos subterráneos. Aquellos antiguos cursos fluviales los vemos ahora colgados en las grandes paredes de las montañas calizas, en forma de bocas de galerías y cuevas. Me pregunto si alguien se ha planteado la posibilidad de que en la formación de estalactitas y estalagmitas haya participado alguna bacteria que acelere el proceso de deposición de carbonatos, como antes decíamos que ocurre con la lluvia, el granizo y la nieve.

La productividad marina y los desiertos

Debido a la circulación global marina y de las masas de aire, en las costas occidentales de los continentes se crean zonas donde afloran aguas del océano profundo. La irrupción en superficie de aguas frías del fondo marino hace que el aire que se dirige hacia tierra firme sea pobre en humedad. Además, la circulación de las células de Hadley hace que en las latitudes donde se dan afloramientos marinos el aire que se elevó desde el ecuador llegue ya seco, después de haber descargado toda su humedad en los trópicos. Un proceso que genera desiertos en determinadas latitudes de nuestro planeta.

Lo más curioso del asunto es que los propios desiertos retroalimentan el efecto de productividad marina, ya que proporcionan enormes cantidades de hierro al mar. El polvo del desierto del Sahara no sólo ensucia de vez en cuando nuestros coches, sino que alimenta la producción primaria marina, pues el hierro es un elemento esencial y limitante para la multiplicación del fitoplancton. Es más, su efecto puede influir incluso en la productividad de las selvas tropicales de Suramérica, ya que puede cruzar toda la extensión del Atlántico sur.

Las grandes montañas calizas se forman a partir de los caparazones de miles de generaciones de formas microscópicas de vida que vivieron en mares y lagos hace millones de años. Sobre esos relieves evolucionan con el tiempo plantas y animales que influyen a su vez sobre ellos. La gea permite la vida y la vida da forma a la gea. El resultado es un paisaje heterogéneo y una vida diversa.

Geo-bio revisitado

Lago de Enol, en los Picos de Europa (Asturias). La formación de nieve y granizo está relacionada con la actividad de bacterias del género Pseudomonas, un claro ejemplo de interacción entre la vida y el ciclo hidrogeológico del agua (Foto del autor).

Sobre el nicho ecológico

La historia de la ciencia está plagada de conceptos resbaladizos o expresados mediante palabras inadecuadas. La idea de "nicho ecológico" reúne ambos problemas: es una expresión desafortunada y difícil de manejar.

Muchas veces creemos dominar un concepto científico y en realidad no es así. Pensemos, por ejemplo, en el principio de incertidumbre de Heisenberg, según el cual no es posible determinar a la vez la posición y la velocidad de una partícula. A mí, como a la mayoría, me enseñaron en su día que ese principio no es distinto del denominado "efecto observador". Por ejemplo, si queremos determinar la posición de una partícula hemos de iluminarla y al iluminarla la bombardeamos con fotones, con lo cual alteramos su velocidad. Pero, al parecer, el principio del sabio alemán no tiene nada que ver con que estemos observando o no, siendo más bien una propiedad intrínseca de los sistemas cuánticos, ligada a la dualidad onda-partícula. En fin, que no lo entendió bien ni nuestro profesor de turno ni nosotros mismos.

Con el concepto de "nicho ecológico" pasa algo parecido: a menudo lo usamos mal. El error se debe en parte a la desafortunada elección de una palabra, "nicho", que nosotros asociamos en la vida diaria con algo físico, con un lugar. De hecho, la primera noción de nicho ecológico nació un poco con esa idea. Fue formulada por Joseph Grinnell en 1917, hace ahora un siglo, y constituye una descripción detallada del ambiente, del hábitat en el que vive una especie. Por ejemplo, diríamos que el nicho de los desmanes ibéricos (*Galemys pyrenaicus*) es la cabecera impoluta y oligotrófica de los ríos del norte peninsular y nos quedaríamos tan panchos. Por cierto, imaginad qué cara se nos queda si, al mejorar la calidad de las aguas en los tramos medios y bajos de los ríos, empezamos a encontrar desmanes fuera de las partes altas, fuera de sus refugios históricos, como ocurre en la actualidad.

Evolución del nicho ecológico

Pero el concepto de nicho ha ido evolucionando sin parar a través de la historia de la ecología. En 1927, una década después de Grinnell, apareció el famoso *Animal Ecology* de Charles Elton, donde se plantea una idea de nicho más funcional, es decir, más relacionada con el papel que desempeña cada especie en el seno de las comunidades y los ecosistemas. Desde esta perspectiva diríamos, por ejemplo, que el nicho ecológico de los colibríes es el de consumidor de néctar y polinizador de grandes flores tropicales. A esta concepción más dinámica se la conoce como "nicho eltoniano".

Tres décadas más tarde, en 1957, el gran ecólogo norteamericano George Evelyn Hutchinson dio otro giro al concepto definiéndolo como un "hiperespacio multidimensional", definido por las necesidades y propiedades de un organismo. Así pues, Hutchinson construye su propuesta sobre la idea de la funcionalidad de Elton, pero también sobre la visión estática de Grinnell. De hecho, hace una mezcla de ambas. El nicho es algo físico (aunque difícil de concretar, porque tiene muchas dimensiones) definido por las propiedades de la especie (las funciones que desempeña en el sistema).

Tendremos que esperar hasta 1985 para ampliar la idea de nicho sugerida por Hutchinson. Fue entonces cuando entró en escena Daniel Janzen, otro gran ecólogo estadounidense, quien desarrollaría el concepto de "encaje ecológico" (ecological fitting) en una serie de artículos encargados por la revista *Oikos* (1). Llegaron a formar parte de una sección propia llamada Los pensamientos de Dan Janzen desde el trópico y estaban inspirados en el trabajo que desarrollaba en los bosques tropicales secos del Parque Nacional de Santa Rosa, en el Pacífico costarricense. Para mí, esta idea de Janzen es el primer germen de lo que ahora conocemos como "construcción del nicho", la más en boga en relación con el concepto de nicho ecológico. Según Janzen, las especies encajan en sus comunidades de forma proactiva, cooperando o a codazos, pero moviéndose en el tiempo ecológico. Ya lo dijo Antonio Machado en su célebre verso "caminante no hay camino, se hace camino al andar".

Incertidumbre ecológica

Así pues, las definiciones de nicho ecológico anteriores a Janzen son visiones de las especies idealizadas y fijas en el seno de sus comunidades. Pero la entrada de un nuevo elemento en una comunidad rica en especies es como una revolución que puede traer pareja la definición de nuevos nichos. Por tanto, tiene poco sentido decir que las comunidades están saturadas. Tampoco sería acertado decir que hay nichos vacantes, porque los nichos se definen al andar. Es un concepto teórico inmanejable que sólo cobra sentido en la práctica, cuando se describe una vez establecido.

No basta con la distinción de Hutchinson (2) entre "nicho fundamental" (el nicho potencial de una especie, en ausencia de competidores) y "nicho realizado" (el nicho, más estrecho, que en realidad ocupa por las limitaciones impuestas por otras especies competidoras). No conocemos la potencialidad real de una especie hasta que ha sido expuesta a nuevas condiciones, incluidos sus competidores, y vemos cómo reacciona. El nicho fundamental o potencial es indescriptible. Es como si tratáramos de definir el riesgo potencial de invasión de una especie nueva que se incorpora a un sistema natural en el que no haya evolucionado. Hasta que no se inserte no sabremos cuál es su capacidad para invadirlo. No puede predecirse de antemano de acuerdo a sus características fisiológicas porque, en realidad, el éxito de la invasión depende de la especie implicada y sus interacciones con los factores bióticos y abióticos del nuevo ecosistema.

Definición del nicho *a posteriori*

Las comunidades no se ensamblan siguiendo únicamente reglas deterministas, como defendía Frederic Clements, sino que el azar juega un papel muy importante tanto en la dispersión como en la colonización. Esto fue lo que propusieron Henry Gleason y más tarde Stephen Hubbell en su teoría neutra de la biodiversidad y la biogeografía (3). De manera que tratar de definir el nicho *a priori* es una pérdida de tiempo. Los nichos sólo pueden definirse *a posteriori*, tras los avatares de la colonización de un ecosistema, y están sujetos a cambios relacionados con las características del biotopo, la llegada de nuevas especies o la extinción de las ya presentes. Así que el nicho es una idea convencional, sólo útil a efectos humanos de clasificación y no contiene en sí demasiada información ecológica.

La observación de una misma especie en condiciones cambiantes, tanto en las características físicas del medio como en la composición de su comunidad, nos permitiría medir un parámetro con más contenido: su "plasticidad ecológica". Este concepto equivale al de "valencia ecológica" e incorpora los componentes bióticos y abióticos de un ecosistema. Nadie habría pensado que un pájaro carpintero como el pito verde (*Picus viridis*), con una anatomía diseñada por selección natural para vivir entre los árboles, pudiera alimentarse también de hormigas en el suelo y, sin embargo, lo hace. Desde luego, todos estos conceptos son construcciones de la mente simbólica humana, pero me gusta pensar que algunos pueden aplicarse de manera absoluta y no según el contexto. Aunque quizá eso sólo suceda en el mundo de la física. Puede que en biología no haya un solo concepto que no dependa de las circunstancias: exclusión competitiva, denso-dependencia, respuestas funcionales, equilibrios, compromisos...

Ya lo decía Ortega y Gasset: "yo soy yo, y mis circunstancias". Y cambio con mis circunstancias, aunque sea dentro de unos límites. Lo mismo puede decirse de los demás componentes de la biosfera. Nuestros conceptos deben ser manejados con cuidado y lejos del habitual dogmatismo (4). En general, me parece que es más sano acercarse a ellos desde la duda que desde la fe ciega.

Una golondrina no hace primavera

Espátulas, gaviotas y limícolas comparten una marisma. Más que existir de antemano, los nichos ecológicos se construyen de forma dinámica mediante interacción con las demás especies de la comunidad y con las características propias del ambiente abiótico (Foto del autor).

Tramposos

Solemos considerar el engaño y la trampa como un rasgo típicamente humano. Pero son conductas que ya estaban en la naturaleza mucho antes de que llegáramos nosotros. Eso sí, les hemos dado un carácter propio al engañar de forma deliberada, no por instinto. Aunque no somos los únicos. Otros mamíferos sociales, como los delfines, también hacen trampas deliberadamente. Cuando son entrenados para recoger objetos del fondo de los tanques en los que viven en cautividad, a cambio de una recompensa, acaban partiendo los objetos en trocitos pequeños y escondiendo los trozos para así recibir numerosas recompensas.

Bien pensado, ser un listo, un vivo, un avispado, un jeta o un tramposo es una estrategia vital como otra cualquiera. Aunque no parecería de entrada que el engaño pueda ser una estrategia que pueda mantenerse en el tiempo (que sea evolutivamente estable), sí se da con cierta frecuencia dentro de las poblaciones de una misma especie. Pero, el Lazarillo de Tormes sólo puede sobrevivir en un entorno de gente mayoritariamente honrada. Si la mayor parte de la población juega a la trampa, la situación se vuelve inestable: no hay personas honradas a las que robar.

Pensemos, por ejemplo, en una población de abejas que incluyera un porcentaje de individuos totalmente inofensivos, aunque siguieran teniendo la coloración negra y amarilla del abdomen como advertencia aposemática. Esa pequeña trampa sería viable sólo mientras no fuera muy frecuente dentro de la población, ya que si los depredadores descubren que las abejas no son peligrosas, a pesar de lo que indican sus colores, el sistema defensivo se vendría abajo. Supongamos que para las abejas tramposas resultase ventajoso no producir veneno porque con ello aumentase su descendencia, pues podrían destinar a la procreación la energía destinada antes a defenderse. Con el tiempo, las abejas tramposas se volverían más abundantes. Pero la trampa acabaría por descubrirse y volvería a descender el porcentaje de abejas tramposas y a aumentar el de las peligrosas. Así pues, la selección natural mantendría el engaño en porcentajes bajos.

Otra cosa muy distinta es lo que ocurre con los dípteros sírfidos que, siendo inofensivos, imitan en su aspecto (mimetismo batesiano) a las avispas que sí son peligrosas. Una trampa de éxito absoluto. La selección natural no reduce ahora el número relativo de tramposos en la población, ya que las avispas (ajenas a la trampa) siguen siendo peligrosas. Los depredadores identifican las bandas amarillas y negras como una advertencia honesta de peligro, ya sea en avispas (verdaderamente peligrosas) o en moscas (tramposas). El truco es difícil de descubrir y además no afecta negativamente a las especies imitadas.

El engaño de los cucos

Algo parecido pasa con los cucos (*Cuculus canorus*). Todos los cucos europeos son tramposos y ponen los huevos en nidos ajenos, engañando a más de cien especies distintas de pajarillos. La trampa se mantiene en el tiempo porque cortocircuita la conducta reproductora de otras aves que no pueden pagarles con la misma moneda, es decir, parasitándolos a ellos. Un engaño sofisticado, ya que el huevo del cuco imita los colores y el diseño del de la especie parasitada. Además eclosiona rápido, de manera que los cuclillos puedan deshacerse de los legítimos ocupantes del nido. Como es bien sabido, tienen el reflejo instintivo de arrojar por la borda (del nido) cualquier cosa que se coloque sobre su dorso, incluidos los huevos y pollos de la especie parasitada.

¿Cómo ha podido evolucionar algo así? En primer lugar, dado que los huevos que producen huésped y hospedador son muy similares, ¿hay poblaciones de cucos especializadas en ciertas especies hospedadoras? O, por el contrario, ¿es un individuo capaz de parasitar a un amplio espectro de especies adaptando el fenotipo (coloración, tamaño y diseño del huevo) a cada caso? La primera opción es más parsimoniosa y parece ser la verdadera (1).

Imagina un pasado en el que una hembra ancestral de cuco, que ponía huevos de color X, fue depositándolos en nidos de diferentes especies. La artimaña fracasó en todos menos en el de la especie hospedadora adecuada, es decir, aquella cuyos huevos eran lo suficientemente parecidos a los del cuco como para que no se percibiera el engaño. A partir de ahí, la fijación a ese hospedador debió de ser sobre todo cultural, es decir, aprendida. Y año tras año esos cucos deben afinar en la imitación de la puesta ajena, en una dura pugna con su huésped. Quién sabe si en este acople de grano fino pueden intervenir mecanismos epigenéticos. No me extrañaría lo más mínimo.

En el mundo hay otros cucos que parasitan los nidos de su misma especie, si bien en este caso no son parásitos obligados sino facultativos, pues también crían a sus propios pollos. Algo así como las anátidas o las gaviotas que aprovechan un descuido de la pareja vecina para colarles un gol. Un parasitismo más oportunista y mucho menos sofisticado cuya frecuencia está regulada por selección natural: si todos los individuos de la población fueran parásitos de cría sería un caos; simplemente no funcionaría y la frecuencia de los cucos normales aumentaría de nuevo.

La evolución del parasitismo obligado

De hecho, la gran mayoría de las especies de la familia *Cuculidae* no son parásitas de cría. Al principio debía haber cucos que parasitasen de manera facultativa las puestas de otras especies, como hacían con las de sus congéneres. Pero la opción heteroespecífica tuvo tanto éxito que acabó extendiéndose en la población hasta fijarse por completo. Es decir, hasta estar presente en el 100% de sus individuos, reducir la variabilidad de este rasgo a cero y generar la conducta que conocemos de parásitos de cría obligados. Como decíamos, el engaño funciona de maravilla con el ajeno, con el diferente, con el que no puede pagarte con la misma moneda, pero no con el igual. Tanto es así que los cucos parasitan a especies que están filogenéticamente muy lejanas de ellos. Esta es una cuestión clave: los Cuculiformes son no-paseriformes (un conjunto de grupos de aves filogenéticamente antiguos) y normalmente parasitan a paseriformes (un grupo de radiación mucho más reciente). Y eso a pesar de la enorme diferencia de tamaño, que de entrada haría pensar que tal parasitismo sería inviable, por lo evidente del engaño. Menos agresiva es la estrategia de los críalos (*Clamator glandarius*), un segundo cuco europeo especializado en parasitar los nidos de córvidos, sobre todo de urracas. Sin embargo, los críalos no expulsan a los pollos del nido, sino que lo comparten, y lo más curioso es que a menudo los protegen debido a que su fuerte olor repele a los depredadores potenciales (2). Esta ventaja traslada la relación desde el parasitismo al mutualismo, al menos en algunas ocasiones.

El día a día de un tramposo

Imaginad, por curiosidad, la ajetreada vida de un cuco en época reproductora. En primer lugar, más que unos listos son unos buenos espías sociales, por mucho que se consideren una especie solitaria. Han de pasarse el día observando a los pajarillos de su comunidad para ver quién anda ocupado en construir el nido y seguirlo hasta que se presente el momento oportuno de endosarle su huevo, a escondidas y de forma rápida. Algo que pueden repetir hasta en 25 nidos durante una sola temporada. El huevo parásito es especialmente resistente a los golpes, quizá para evitar que se rompa al dejarlo caer (3). Pero si es descubierto el hospedador no dudará en destruirlo. En tal caso, el cuco puede eliminar a su vez la puesta completa de la especie hospedadora. No se trata exactamente de un acto de venganza (concepto humano), sino que con este comportamiento contribuye a que no se propaguen los genes que permiten el reconocimiento de la trampa entre la población de hospedadores. De algún modo, siembra para el futuro, para el suyo y el de sus descendientes. Es la hipótesis del comportamiento "mafioso" que defienden los hermanos Soler (4).

Resulta curioso que los cucos no se impregnen de la identidad ajena al ser criados por otras aves. Sorprendentemente, cuando llegue la hora de reproducirse, buscarán una pareja de su propia especie. Conservan en todo momento su identidad de cucos y no intentan reproducirse con, pongamos, el acentor o el carricero que los haya criado. De otra forma, claro está, la trampa no serviría de nada. Por el contrario, los padres adoptivos nunca dudan de que aquel gigante sea de su estirpe y lo alimentarán con todo empeño, como un ejército de liliputienses que cebara a Gulliver.

En fin, que si hay un hueco, una debilidad, un vacío legal en la naturaleza, alguien lo acabará encontrando. Es lo que pasa en las sociedades humanas con esos ciclomotores de cuatro ruedas que tantos problemas de tráfico generan. ¡Son motos tramposas, todos lo sabemos, pero de momento ahí siguen! También es buen ejemplo el de las aves capaces de imitar el canto de otras especies (y, de rebote, el ruido de los artificios humanos). Una habilidad que por algo habrá evolucionado y muchas veces se utiliza con fines engañosos. Por ejemplo, para apoderarse de los recursos de otros al lanzar una falsa señal de alarma. Hasta las plantas hacen trampa, como las flores femeninas de algunas plantas que no ofrecen recompensa alguna a los polinizadores pero consiguen engañarlos imitando la forma de las flores masculinas que sí les proporcionan néctar y polen. En fin, que no se salva nadie de caer en las redes del hampa.

Una golondrina no hace primavera

Ejemplar juvenil de cuco posado en una zona esteparia del interior de Valencia. Si hay una especie que merece tildarse de tramposa, sin duda es ésta (Foto: Marta Romero Gil).

¿A quién avisa el avisador?

En el capítulo anterior escribí sobre la evolución de la trampa y de cómo los tramposos han logrado mantenerse en las comunidades animales a lo largo del tiempo. Ahora toca mirar la otra cara de la moneda y analizar las conductas generosas.

Es bien conocido el comportamiento de las cigüeñuelas (*Himantopus himantopus*) cuando un naturalista (o un depredador) irrumpe en sus colonias de cría: en lugar de alejarse del peligro, vuelan bajo sobre nuestras cabezas, como colgadas del aire, y reclaman con todas sus fuerzas. Por este motivo, en el delta del Ebro se las conoce acertadamente como "avisadores". Una conducta, entre heroica y enigmática, que bien podría encuadrarse en lo que denominamos "altruismo". Un rasgo típicamente humano que también está presente en la naturaleza, de donde nos viene todo, como no puede ser de otra manera.

La visión tradicional de la biología se mueve entre considerar el altruismo como un caso de selección de grupo (no sólo favorece al individuo, sino también a la colonia) o como una conducta que evoluciona por beneficio mutuo (un individuo avisa hoy de la llegada de un zorro porque espera que mañana otro haga lo mismo ante una nueva amenaza). En la actualidad, las opciones aceptadas son esta segunda (altruismo recíproco) y una nueva versión de la primera, que sostienen los partidarios del "gen egoísta", según la cual los individuos sólo se preocupan por el resto del grupo cuando está compuesto por familiares. Al avisar a los parientes de un peligro son nuestros genes, también presentes en ellos, los que resultan beneficiados, como defendía Hamilton a mediados de los años sesenta. Esta vía genética se denomina "selección por parentesco" (*kin selection* en su versión anglosajona), ya que atañe tanto al individuo como al grupo.

Sentimientos solidarios

Hay una tercera vía, alternativa al altruismo recíproco y a la selección por parentesco, que no mide la funcionalidad del acto altruista. Es una propuesta ajena al mundo de la biología, pues procede de la psicología. Así, para Frans de Waal (1) el altruismo es una cuestión de motivación, no un asunto funcional. Sería la percepción del estado emocional de otro individuo el que activa en el cerebro un estado de empatía. Según esta perspectiva, la cigüeñuela que inicia la alerta, a la que luego se suman otros integrantes de la colonia, estaría mostrando empatía ante el peligro que se cierne sobre los individuos cuyos nidos quedan más cerca del depredador. En otras palabras, estaría poniéndose en el lugar de sus vecinos. Sería una respuesta propia de animales sociales, dotados de neuronas espejo, las mismas que nos incitan a bostezar cuando vemos a otra persona hacerlo. La sensación de vencer al enemigo produciría un estado psicológico de satisfacción capaz de favorecer la evolución de la conducta altruista de alarma, del mismo modo que el placer favorece el intercambio sexual. Este comportamiento proto-altruista de las aves coloniales habría ido alcanzando complejidad en los mamíferos sociales (primates, cetáceos, proboscídeos) que son capaces de sentir compasión y tristeza por el estado de los demás y, finalmente, ofrecer cuidado.

De manera que el altruismo sería un asunto cerebral, propio de la psique de animales sociales, donde la presión selectiva no es tanto externa (ecológica) como interna (social). ¿Acaso no beneficiaron los voluntarios que acudieron a remediar las mareas negras del *Prestige* a muchos gallegos con los que no están cercanamente emparentados, aún a riesgo de su salud? No porque esperaran nada a cambio, sino por simple empatía y solidaridad. Y, quizá, porque eso les hizo sentirse más felices. De todos modos, esta hipótesis sólo soluciona superficialmente el problema, ya que nos remite a otro más profundo: ¿por qué la evolución ha seleccionado la empatía y el estado psicológico de satisfacción en quienes se comportan de forma altruista? De momento, no hay respuesta.

Arrendajos, mirlos y otros escandalosos del bosque

Hay dos aves que se llevan la palma como avisadores: el arrendajo (*Garrulus glandarius*) y el mirlo (*Turdus merula*). Su conducta de alarma es aún más curiosa que la de las cigüeñuelas, dado que no destacan por ser especialmente sociales. ¿Hay altruismo en sus estertóreos reclamos o simplemente chillan como manifestación de miedo ante un intruso? ¿Acaso la función del reclamo es espantar directamente al depredador? Algunos investigadores se han interesado por este asunto y han encontrado que los arrendajos funestos (*Perisoreus infaustus*), que viven en grupos laxos de individuos cercanamente emparentados, son capaces de emitir señales de alarma que varían según el depredador esté posado, volando o atacando (2). Así pues, volvemos a la selección por parentesco.

Sería interesante comprobar mediante experimentos con aves en cautividad si otros pajarillos del bosque, como las currucas, asocian con un peligro el reclamo de arrendajos y mirlos. Siempre me lo he preguntado: ¿entiende la curruca el lenguaje del mirlo? Si es así, nos encontramos ante dos opciones: pueden saberlo de manera instintiva (las currucas que reconocen las alarmas se han visto favorecidas por selección natural) o pueden aprenderlo en el curso de sus vidas. Sería relativamente sencillo hacer un experimento con aves criadas en cautividad y que nunca hayan oído el reclamo de arrendajos y mirlos. Cuando fueran adultas bastaría con someterlas a este acuciante mensaje y ver cómo reaccionan. El grupo de control estaría formado por aves de la misma pollada que sí hubieran crecido oyendo las alarmas. También podríamos observar el comportamiento de aves juveniles, recién emplumadas, cuando se les somete al reclamo de alarma y ver si permanecen impasibles o no. Si tuviera que apostar, diría que sí responden a las alarmas y que esa respuesta es aprendida y no heredada. Esas son mis predicciones. Sin la debida exposición al depredador y a la alarma del mirlo o del arrendajo, el pajarillo se plantaría ante las fauces del depredador sin ningún miedo. La asociación entre ambas cosas (alarma y depredador a la vista) probablemente se haga a lo largo de su vida, ya sea como aprendizaje propio o como imitación de otros miembros de la misma especie. Recientes trabajos han demostrado que si se entrena al maluro soberbio de Australia (*Malurus cyaneus*) a asociar sonidos nuevos con la presencia de depredadores, lo acaba haciendo (3). Esto viene a reforzar lo que decía antes: las especies responden y, además, aprenden a hacerlo. También sabemos que es más seguro fiarse de las alarmas conespecíficas que de las heteroespecíficas (4); vamos, que se entiende mejor el lenguaje propio que el ajeno.

La selección por encima del individuo: ¿quimera o realidad?

Todo esto del altruismo entre especies sociales nos lleva sin remedio a pensar un poco en cómo actúa la selección natural. Según la perspectiva más reduccionista, la única unidad que cuenta es el gen. Para el genético de poblaciones, la unidad sería el individuo dentro de un grupo local (aunque cambien los genes, son los individuos quienes se emparejan). Pero, ¿podría darse selección con el grupo como unidad? No sólo por parentesco cercano, sino porque los grupos más cooperativos y menos egoístas tendrían ventaja. Si hay cooperación en la búsqueda de alimento y en la defensa ante los depredadores, el grupo como un todo debería verse favorecido demográficamente en su conjunto, no sólo como una suma de individualidades. Las interacciones entre individuos también cuentan y el total acaba siendo mayor que la suma de las partes. Aunque la tendencia a escala individual sea que cada cual mire por sí mismo, hay circunstancias en las que sólo el trabajo en grupo permite sobrevivir. Ese debía de ser precisamente el caso de nuestros ancestros en las sabanas africanas, donde los egoísmos individuales eran muy poco positivos a la hora de salir adelante. Como defendía Sewall Wright, en poblaciones pequeñas los genes del altruismo podrían fijarse de tal modo que no podrían prosperar los genes del egoísmo, ya que el altruismo favorece al 100% de los miembros del grupo. Hasta que, claro está, aparezca una mutación egoísta de nuevo.

Así que, ¿quién sabe? Darwin pensaba que la selección de grupo había sido importante en la evolución de nuestra especie. Edward O. Wilson también lo sostiene en el caso de las hormigas, pero eso tiene menos mérito porque un hormiguero es como un gran individuo (5). En las poblaciones humanas hay cercanía de parentesco pero también otras cosas que nos acercan. Aspectos de tipo psicológico o sociológico de gran peso, como la pertenencia al mismo grupo, la identificación con el compañero o vecino, la unión que genera tener un enemigo común en el valle de al lado o la experiencia de haberse defendido juntos de un depredador. Esos caracteres, intangibles para el biólogo que estudie al individuo de manera aislada, podrían marcar la diferencia y hacer que sea el grupo entero el que sobreviva o perezca como unidad. Siempre y cuando los lazos de dependencia sean muy estrechos, se den en poblaciones pequeñas donde puedan fijarse, haya poca dispersión entre esos grupos y se dé una alta frecuencia de conflictos. Sería un proceso socio-biológico, ya que la psique humana evolucionó en el seno de sociedades humanas, más influenciadas por nuestros congéneres que por factores ecológicos externos. De hecho, el cerebro complejo evolucionó para hacer viable la vida en sociedad, más que para resolver problemas ahí fuera. A fin de cuentas, un ser humano aislado no es nada. Que este proceso pueda darse en otros animales sociales debe ser tanto o más posible cuanto mayor sea la necesidad que tengan los individuos de cooperar entre sí para sobrevivir.

Una golondrina no hace primavera

Cigüeñuela (Himantopus himantopus) en vuelo. ¿Por qué las cigüeñuelas arriesgan la vida acosando a los intrusos que penetran en su colonia de cría? Si cada individuo mira por su propio bien y el de sus genes, ¿por qué no sale huyendo ante la amenaza? (Foto: Luis Iván Moya).

Viento

El naturalista ha de ser, por necesidad, un ser muy empático. No sólo tiene que empatizar con los demás seres humanos, como todo hijo de vecino, sino que se enfrenta a la dificultad de ponerse en el lugar de los seres que estudia. Muchas veces me quedo mirando los árboles tratando de entender todo lo que representa...ser un árbol.

Dentro de esa aventura empatizante un buen día de campo me quedé reflexionando sobre lo que se esconde detrás del rumor de una rama en movimiento. Desde luego es mucho más que un sonido agradable de la naturaleza. El viento determina varios aspectos en la vida de un árbol.

En primer lugar puede hacer que se caiga. Sencillo, pero determinante. Así que la estructura de las raíces de los árboles (pivotantes versus superficiales) resulta de un compromiso entre la naturaleza del substrato donde se instala el árbol, la profundidad de la capa freática y el hecho de tener que protegerse del viento. Como es sabido una encina de raíz pivotante es difícil de tumbar, pero los pinos de raíces superficiales son muy vulnerables ante el viento. A pesar de ello los árboles más viejos del mundo son unos pinos, los llamados pino longevos (*Pinus longaeva*). De hecho parece ser la forma de vida (macroscópica y no clonal) más antigua de todo el planeta, con edades que sobrepasan los 5.000 años. Viven en suelos difíciles, donde tienen poca competencia de otras especies, y extienden una amplia red ramificada de raíces superficiales con las que consiguen agua en medios exigentes y estabilidad. Diría que en gran medida consiguen no ser tumbados por el viento de la Sierra Nevada californiana porque suelen ser de pequeño porte (casi más base que altura) y tomar formas aerodinámicas, evitando el viento dominante.

El viento es en gran medida responsable de que los bosques de frondosas conserven estable su composición en el tiempo ya que acaba derribando con los años a las coníferas oportunistas que colonizan los huecos del bosque (abiertos por un incendio o por el hacha humana), donde incide más la radiación solar. Pueden durar 50 ó 60 años pero no suelen pasar de ahí. Mientras las coníferas han actuado como "tiritas" que han curado la herida abierta en el bosque permitiendo que a su sombra se fuese recuperando el matorral y, facilitado por éste, hayan vuelto a crecer a su vez las frondosas originales que acabarán de cicatrizar la herida a un ritmo más lento.

En segundo lugar el viento es un factor importante de estrés. Por un lado de estrés de rotura, para las ramas, y por otro de estrés de deshidratación para las hojas. Las ramas de los árboles de sitios ventosos suelen ser flexibles y se cimbrean con el viento en lugar de presentar firme oposición. Una de las razones de que los árboles no suelan tener una sola gran hoja, sino que tengan la superficie fotosintetizadora dividida en infinidad de pequeñas placas fotovoltaicas, es no presentar mucha resistencia al viento. También evitan así hacerse excesiva sombra unas estructuras a otras. Pero el tamaño de las hojas viene del compromiso entre captar la mayor cantidad posible de radiación electromagnética solar y no ofrecer mucha resistencia al viento. Las plataneras (género *Musa*), que son plantas con aspecto arbóreo, tienen pocas y grandes hojas (en lugar de muchas y pequeñas como la mayoría de los árboles), pero si os fijáis se deshilachan con facilidad ante la acción del viento, con lo cual evitan el efecto resistencia. Que las hojas sean grandes probablemente responde al hecho de ser una planta del sotobosque de la selva, donde poca luz consigue traspasar el dosel arbóreo.

La forma y tamaño de las hojas también guarda mucha relación con la temperatura ambiente. En los medios de temperaturas altas es beneficioso tener hojas pequeñas o/y divididas de modo que el aire pueda disipar más fácilmente el calor de las hojas por convección. Por encima de una temperatura crítica el enzima Rubisco que cataliza la fijación de carbono durante la fotosíntesis funciona mal y la planta reduce su actividad fotosintética. Probablemente por ello las hojas de las mimosas son como son.

En cuanto al estrés hídrico, los árboles de zonas ventosas hacen bien teniendo los estomas (las ventanas por las cuales se relacionan con la atmósfera) bien protegidos. Los pinos por ejemplo los tienen bien escondidos en la base de sus acículas en forma de uve. Los árboles necesitan perder (evapotranspirar sería el palabro técnico) cierta cantidad de agua porque éste es el mecanismo físico que provoca el bombeo de agua desde el subsuelo hasta las hojas de las copas. Quieren evaporar agua para activar esta función de bombeo pero no quieren perder demasiada agua y es fácil que esto pase ya que la molécula de agua es de menor tamaño que la de dióxido de carbono que ellos pretenden absorber para fijar carbono atmosférico al abrir los estomas. Por su menor tamaño el agua sale de la planta, cuando entra CO_2, con extremada facilidad. La intensidad del viento debe influir de manera importante en las tasas a las que ese intercambio de gases tiene lugar. Imagino que un poco de viento puede ser positivo para ayudar en la evapotranspiración (especialmente en climas de temperaturas medias no muy altas), pero que demasiado viento es peligroso. Hay que reservar un papel también a la humedad relativa. Si el aire ya de por sí está saturado o casi saturado de humedad el problema del escape involuntario de agua no debe de ser tan grave.

Este aspecto del tamaño relativo entre las moléculas de agua y dióxido de carbono da qué pensar. Inicialmente las plantas terrestres (derivadas de plantas acuáticas de agua dulce y éstas a su vez de las algas marinas), debieron ser de pequeño tamaño, pero muy pronto la vida vegetal se aprovechó de que el escape involuntario del agua al abrirse los estomas provocaba el ascenso del agua desde el suelo hasta el dosel arbóreo y eso debió de permitir el gigantismo vegetal, junto con la invención de la lignina como tejido de soporte. Digo permitir y no potenciar porque el gigantismo pudo responder más bien a presiones ecológicas entre animales herbívoros de gran porte y plantas. Las famosas secuoyas que podemos ver en California no llegaron a sus más de 100m por casualidad. Los gigantes dinosaurios subidos a dos patas debieron tener mucho que ver, y a su vez la respuesta de las plantas sobre la talla de los reptiles, en un ciclo que se retroalimenta positivamente (es decir un ciclo en el que a más de un lado se obtiene más en el otro). La carrera de armamentos pudo darse simplemente entre los árboles por la captación de la luz, de manera que ser más alto garantizaba llegar a la luz con mayor éxito. Esto proyectado hacia adelante suficiente tiempo puede dar lugar a árboles gigantes, limitados sólo por la capacidad de la lignina para soportar peso.

Por último el viento determina la tasa a la cual un árbol caducifolio pierde sus hojas. Las hojas no se desprenden de manera gradual (siguiendo un modelo lineal) sino que siguen un modelo no-lineal, es decir, los árboles pasan mucho tiempo sin perder casi hojas y durante un vendaval las pierden casi todas. Algo similar pasa con la caída de las bellotas de las encinas. Como tantas otras cosas en biología las cosas suceden de manera progresiva hasta cierto grado, concretamente hasta que se sobrepasa un umbral (en este caso de velocidad o/y duración del viento) y los efectos se disparan. Bien lo saben los jardineros que tienen que recoger las hojas del suelo, pero los demás casi no reparamos en ello.

Este asunto de la caída de las hojas nos lleva a pensar en la dificultad que supone ser un árbol de hoja caduca. Cada año hay que volver a fabricar estructuras nuevas de captación de luz, empleando recursos acumulados durante la anterior primavera-verano. Muy poco eficiente. Lo ideal para un árbol sería ahorrarse esos esfuerzos. Ahorrarse cualquier esfuerzo extra que no vaya destinado a su multiplicación. Pero es el precio que han tenido que pagar las relativamente pocas especies de árboles que han conseguido escaparse del trópico. En invierno hay que desconectarse. Es la única manera de sobrevivir. En el trópico lluvioso los árboles conservan la hoja todo el año. Emplean mecanismos diversos para asegurarse de que no se les llenan de convidados no deseados por mantenerlas permanentemente (como tener superficies lisas que dejan escurrir bien el agua) y las reutilizan de año en año. A la vida le gusta el calor (además de la humedad) y vivir en nuestras latitudes templadas con estaciones les resulta complicado. Las estaciones del año pueden ser poéticas para nosotros, pero para la vida no son más que una dificultad añadida. De todos modos los árboles caducifolios no dispendian los recursos fácilmente pues antes

de perder las hojas retiran de ellas parte de los valiosos nutrientes que contienen (un fenómeno que recibe el nombre de retranslocación) y el resto pasa al suelo quedando disponible para ser reciclado una vez más.
Los árboles son seres sésiles, estáticos, pero no por ello individualistas. Necesitan estar en contacto unos con otros, como los animales móviles. La carencia de capacidad de desplazamiento la suplen por tres vías. Intercambian polen para la reproducción sexual ayudados por el viento (una acción "positiva" del viento esta vez) o por insectos; conectan sus raíces en red gracias a los cables de datos de la naturaleza que son las hifas de los hongos; y se hablan a través del aire mediante substancias químicas volátiles (donde el viento también juega su papel). Seguramente los árboles de zonas cálidas hablan entre sí mucho más que los árboles de zonas frías, porque la producción y dispersión de químicos volátiles debe de ser más dificultosa con el frío. ¡Pasa también con las personas! El frío dificulta la comunicación, en general.

La acción del viento sobre la copa de los árboles puede influir sobre diversos aspectos de su ecología. En la foto un acebuche azotado por unas ráfagas fuertes de viento (Foto del autor).

PARTE III: EVOLUCIÓN

Desde Darwin

Al observar un rasgo morfológico o una conducta, desde Darwin podemos preguntarnos por la función que puede tener. Si los ojos son grandes o pequeños, si las narices son chatas o alargadas, si las patas son gruesas o delgadas, si la pigmentación es clara u oscura, si la estructura es rígida o blanda... La pregunta que nos asalta es: y todo eso ¿por qué? ¿para qué? Pero debemos proceder con cautela.

En efecto la forma, el color, el tamaño y el comportamiento se originan muchas veces por medio de mutaciones azarosas seguidas de selección natural y son, por tanto, adaptaciones surgidas por micro-evolución en el seno de ecosistemas concretos (de estadios concretos de la sucesión de los ecosistemas para ser más precisos). La forma y costumbres de las currucas nacen en el seno de las primeras etapas de la sucesión de los bosques mediterráneos. Los hábitos trepadores del treparriscos o los nidos del avión roquero no evolucionaron en una playa o en una estepa abierta, sino que son el resultado de la interacción adaptativa entre estas aves y los medios montañosos. Unas soluciones, por cierto, que han funcionado aceptablemente bien si han traído a sus protagonistas hasta el presente. Digo razonablemente bien porque la selección natural no es una selección a dedo de los mejores. Es más bien un barrido natural con eliminación de los peores de entre los disponibles de modo que al final se quedan los "menos malos". Esto dista mucho de la perfección y por formas naturales de selección se generan, por tanto, soluciones operativas pero imperfectas. Así es el proceso pasivo de la selección natural, de nombre desafortunado al proceder por contagio de su pariente la selección artificial, en el que sí se elige las formas que queremos promover desde el principio: la oreja larga, la pata corta o el pelo rizado.

Selección sexual o ellas eligen

Sin embargo, las formas y conductas que vemos en la biosfera también pueden ser hijas de la selección sexual y, en este caso, no podemos llamarlas adaptaciones. Son más bien "caprichos de la naturaleza", dependientes de las preferencias del sexo contrario. De hecho, los resultados del barrido natural y de la selección sexual entran a menudo en conflicto. Véase, por ejemplo, el pato mancón tras la época de cría. A toda prisa, cumplido el objetivo de la reproducción, el macho de azulón se apresura a deshacerse de la costosa librea de su plumaje nupcial. Se desprende de todas las plumas remeras al unísono y queda incapacitado para el vuelo durante un tiempo. Todo para asemejarse en lo posible al plumaje pardo de la hembra. Un plumaje de descanso, pues lucirse es costoso. Fabricar pigmentos no es una actividad gratuita y llamar la atención de los depredadores con un semáforo de colores tiene sus riesgos. Pero ellas (las patas) los prefieren así: coloreados.

Subproductos o rasgos neutros

Rizando un poco más el rizo, resulta que muchas de las formas que encontramos ahí fuera (o aquí dentro, en nuestro propio cuerpo) pueden parecer adaptaciones funcionales sin serlo: son los llamados subproductos. Suelo poner muchas veces el ejemplo de la mano humana (1). Nuestros cinco dedos no están ahí porque sean una adaptación, ni tampoco porque ese sea el número preferido de las hembras humanas. Tampoco son la solución menos mala de entre todas las posibles. Simplemente procedemos de tetrápodos terrestres que tenían un número mayor de dedos y en un momento dado de la evolución se vieron reducidos a cinco. Este rasgo quedó accidentalmente fijado genéticamente con la funcionalidad del aparato reproductor masculino y femenino, de manera que un individuo con más de cinco dedos dejó de ser reproductivamente funcional y no pudo dejar descendencia. Sí es posible, sin embargo, perder dedos. Así lo han hecho sin ir más lejos los caballos, que cabalgan sobre un único dedo, el central, aunque los caballos con varios dedos que aparecen de vez en cuando nos recuerdan que no siempre fue así (2). Y también las aves. Así pues el número de dedos en nuestras manos es sólo un accidente histórico.

Exaptaciones o reutilice usted

Otras muchas veces contemplamos rasgos para los cuales nos preguntamos su función adaptativa presente, aunque la respuesta se halla en el pasado. No son productos de la selección sexual ni tan siquiera subproductos accidentales. ¿Entonces, qué son? Pues el resultado de una de las actividades favoritas de la evolución para fabricar novedades: la reutilización. Esta sería la palabra más adecuada, mejor incluso que reciclaje. Por reutilización la naturaleza no fabrica adaptaciones sino exaptaciones. Exaptación es una manera como otra cualquiera de llamar a aquellos rasgos (físicos o psíquicos) que fueron seleccionados por su utilidad para desempeñar una función que favorecía la supervivencia y la reproducción en el pasado (adaptación) o bien ninguna función en particular, pero que han acabado desempeñando otro papel (ni mejor ni peor, sólo diferente) del original (3). Darwin le llamaba "metamorfismo de función". Sería el caso, nada menos, de la consciencia humana. Creo que la consciencia humana ha seguido un camino complejo pasando por diferentes fases, entre ellas la exaptación. Debió de surgir como un mero accidente (subproducto) de la evolución de la inteligencia humana, es decir, de nuestra particular corteza cerebral. Un resultado tan poco intencionado como el montón de arena que generamos cuando excavamos un agujero en la playa. Entre nosotros: ¿quién quería ese montoncito? Posteriormente la consciencia fue exaptada al proporcionarnos un beneficio adaptativo inesperado al dotarnos de mente simbólica. Tener una mente simbólica, una mente alucinada, que se inventa el mundo a su antojo y que nos proporciona afán de superación y esperanza en el futuro, es realmente apropiado cuando uno se enfrenta a periodos de cambio crítico en el ambiente que nos rodea. Probablemente algo así sucedió hace unos 70.000 años. La mente alucinada nos acabó regalando la supervivencia como especie tras estar a punto de desaparecer en un cuello de botella genético. De aquellas pequeñas poblaciones humanas venimos los 7.000 millones de almas humanas de hoy en día. ¡Ahí es nada el éxito del pensamiento simbólico y la trascendencia! Como para subestimarlo. Pero la cosa no acaba aquí. Decenas de miles de años después de aquel evento, esa misma mente simbólica que nos convierte en seres espirituales, danzarines, músicos, pintores, escultores y creyentes (creyentes en muchas cosas), es ahora más bien una carga evolutiva. Al menos, en muchas ocasiones. Gran parte de nuestros males, como el fanatismo religioso (donde incluyo el fervor deportivo y las tendencias políticas radicales), se deben a ese rasgo de nuestro cerebro. Sin duda, a veces sigue siendo bueno tener esperanza y afán de superación, pero esa capacidad exacerbada nos puede llevar a comportamientos que todos estaríamos de acuerdo en calificar como despreciables. No por insignificantes, sino por indeseables para lo que nos gusta esperar de un ser humano.

Estocaptaciones o me salvé por pura suerte

Una vuelta más de tuerca nos llevaría a lo que recientemente he propuesto denominar "estocaptaciones", un híbrido entre lo estocástico (el azar) y la adaptación (4). Con este concepto quería hacer reflexionar sobre aquellos rasgos que, aun habiendo surgido como una adaptación en toda regla en ambientes locales del pasado, han acabado sirviendo para la supervivencia a muy largo plazo de sus portadores por pura suerte. Ahí están, por ejemplo, pruebas tan duras como las caídas de meteoritos, las crisis volcánicas o los cambios radicales en la química marina. Las estocaptaciones se dan a nivel de especie (no de individuo) y pueden tanto diversificar a los supervivientes dando lugar a nuevos géneros, familias y órdenes (mega-evolución), como acabar como características propias de fósiles vivientes. Un buen ejemplo sería el del exoesqueleto de los invertebrados marinos que acabó permitiendo la diversificación en tierra firme de los artrópodos, aunque también es cierto que limitó la talla que podían alcanzar. No es fácil ni económico andar fabricando una armadura cada vez más voluminosa.

Regalos del desarrollo

No debemos olvidarnos de otro importante proceso generador de formas y conductas. Las alteraciones de los ritmos del desarrollo embrionario (heterocronías técnicamente) pueden transformar a las formas vivas de manera importante. Muchos rasgos humanos (anatómicos y de conducta) y también de los bonobos (*Pan paniscus*) se explican por la alteración relativa de los ritmos de desarrollo del soma en relación a la madurez sexual. Los bonobos o las personas alcanzamos la madurez sexual siendo todavía unos cachorros inmaduros y por tanto retenemos como adultos caracteres propios de las crías de nuestros ancestros. Eso explica nuestra curiosidad y nuestro amor por el juego. Estamos siempre descubriendo el mundo. Los chimpancés (*Pan troglodytes*) por el contrario serían algo así como la versión "adulta" de un bonobo. En lo que se convertiría un bonobo si no tardase tanto en madurar. Eso explica probablemente el carácter menos agresivo y más empático de los bonobos y su actitud sexual permanentemente adolescente frente al maduro chimpancé de constitución mucho más poderosa y con un carácter que admite pocas bromas (5). En sentido estricto los regalos del desarrollo no son adaptaciones clásicas sino más bien revoluciones interiores que suceden en un momento tardío de nuestra ontogenia.

Epigenética o el ambiente manda

En este repaso a los mecanismos que generan la forma y funcionalidad de órganos y conductas, la última frontera sería la epigenética. Hay rasgos que pueden proporcionar ventajas adaptativas pero que no surgen por el tradicional proceso de mutación azarosa y posterior selección. Es decir, no serían el resultado de un proceso pasivo (de barrido) sino de un proceso pro-activo, que en realidad se ajusta mejor a la idea intuitiva que todos tenemos de adaptación. En este escenario, uno hace algo por adaptarse a los cambios ambientales. El proceso se basaría en la influencia directa del ambiente sobre el ADN. No directamente sobre el código (la secuencia de nucleótidos), sino marcando mediante "etiquetas" (por ejemplo, grupos metilo) las proteínas histonas del ADN y provocando con ello cambios fenotípicos durante la ontogenia que son parcialmente heredables (por error) y por tanto susceptibles de posterior barrido. Pero ese barrido no actúa sobre una variabilidad creada a ciegas, sino sobre una variabilidad dirigida. Dirigida por el ambiente, claro. Detrás de ello están nada más y nada menos que los elementos transponibles del genoma, de los que hablaremos en otro momento con la atención que merecen.

¡Puf! Complicado, ¿no? Todo lo que parecía homogénea adaptación se acaba dividiendo en muchos asuntos diferentes. Es cierto que con ello introducimos ruido, pero es algo inevitable para tratar de recoger y ordenar la complejidad de la naturaleza. La adaptación es un hecho incuestionable pero es sólo una de las opciones disponibles en la rica y vieja naturaleza. Tenía razón Stephen Jay Gould con lo de su famoso "paradigma panglosiano" por medio del cual criticaba el abuso de la adaptación como explicación de la forma y función. ¡No es oro todo lo que reluce! Y la misión del naturalista es precisamente esa: que no nos den gato por liebre. Hay que estudiar cada caso con detenimiento, sin precipitarnos en nuestras conclusiones. Parafraseando al autor del prólogo de este libro... no hay soluciones sencillas para problemas complejos.

Desde Darwin

Pito real posado en el suelo. ¿No es chocante que esta especie, con una anatomía ensamblada para vivir como depredadores verticales en el tronco de los árboles, haya descubierto los hormigueros como fuente de alimentación en el suelo? Una exaptación conductual que aprovecha la larga lengua evolucionada en realidad para extraer insectos de la corteza de los árboles (Foto: Daniel Cara).

Evolución *pinball*

Me gusta comprobar cómo avanza nuestro conocimiento sobre los mecanismos que intervienen en la evolución biológica. La manera de entender los complejos procesos que generan adaptación y radiación de especies ha cambiado mucho desde los tiempos de Darwin.

He decidido inventarme este término del título, "evolución *pinball*", porque creo que aquellas máquinas recreativas, hoy pasadas de moda, eran una buena metáfora visual del funcionamiento de la evolución. Muchas veces me he preguntado si la vida, en el fondo, prefiere cambiar continuamente o quedarse quieta. La respuesta no es sencilla, pero ahora lo veo un poco más claro. Imaginad que todas las opciones posibles de cambio de una especie, ya sea anatómico o de conducta, estuvieran representadas por el plano inclinado de una máquina de *pinball*. Ese sería el "morfoespacio" o el "psicoespacio" disponible para innovar. Nosotros lanzamos la bola de acero y ella se mueve más o menos libremente por el espacio bidimensional, chocando con numerosos obstáculos. A veces cae en uno de esos huecos que dan puntos y allí se queda hasta que algo nuevo sucede.

Bien, las especies hacen algo muy parecido. En periodos de intensas alteraciones ambientales entran en un estado transitorio de cambio, simbolizado en la máquina de juegos por el resorte que pone la bola en juego, fuera de su seguro escondite. Si consideramos que las bolas son individuos, tratarían de adaptarse al nuevo medio local, es decir, estaríamos ante un cambio micro-evolutivo. Pero si pensamos que las bolas son especies, estarían buscando una nueva solución ecológica al problema de persistir sobre el planeta, generarían nuevas especies y entonces el cambio sería macro-evolutivo.

Huecos y cimas confortables

Bueno, admito que la realidad es un poco diferente, porque deberíamos incluir la posibilidad de que las bolas excaven sus propios huecos, es decir, que construyan sus propios nichos ecológicos. La bola-especie cae en el hueco para quedarse durante mucho tiempo. En la historia de la vida, ese tiempo es de varios millones de años. Sólo algún tipo de perturbación que afecte a tan prácticos orificios hará que la bola se ponga de nuevo en movimiento, o sea, hará que las especies se conviertan en nuevas especies.

La imagen es parecida a la del famoso paisaje adaptativo del genetista estadounidense Sewall Wright (1889-1988). Según Wright, las especies aspiran a un óptimo adaptativo (cima), pero para alcanzarlo tiene que pasar por zonas menos favorables (valles). Pero la máquina de *pinball* ofrece una imagen más afortunada, porque es difícil permanecer en equilibrio sobre picos y además se sale de ellos de manera espontánea (por gravedad) y no forzada. En el fondo, la visión conceptual es casi opuesta a la de Wright. Yo creo que la norma es el reposo. La biología quiere que las cosas sigan como están mientras funcionen. "Lo mejor es enemigo de lo bueno", como dice el refrán. Eso sí, quedarse en el mismo sitio no implica inacción, ya que el equilibrio es dinámico, no estático. Al igual que la Reina Roja en *Alicia a través del espejo*, que corría y corría para quedarse en el mismo sitio.

Dinámica, pero discreta

Pero la naturaleza es sabia (por vieja, no por otra cosa) y se guarda un as en la manga. El as de cambiar sustancialmente si es necesario. El estatismo no implica en realidad incapacidad de respuesta. Es sólo economía, parsimonia o si queréis "pereza". Cuando la bola es expulsada de su refugio los mecanismos genéticos que actúan no son los habituales. Resulta que de todo nuestro ADN sólo el 2% codifica para la síntesis de proteínas. El restante 98% (el antiguamente llamado ADN basura) es material genético que nos han ido aportando los microbios, verdaderos dueños de este planeta, a través del tiempo profundo. Pero ese ADN está muy lejos de ser basura inservible. En realidad, la mayor parte se compone de genes saltarines (transposones), ADN de antiguos virus y retrovirus que nos parasitaron en el pasado. Cuando las cosas se ponen feas en el medio exterior, los virus ven peligrar la supervivencia de sus hospedadores (por ejemplo, la nuestra) y se activan para arreglar las cosas. También, en parte, por su propio bien (1). De alguna manera, podría decirse que los genes no son egoístas, como tan enconadamente defiende Richard Dawkins, sino, en todo caso lo son ¡los antiguos virus y retrovirus!

En concreto, estos transposones abandonan sus posiciones habituales y saltan a otras situadas dentro de la porción activa del ADN, la que codifica la síntesis de proteínas. Generan con ello una enorme diversificación del genoma, crean genes nuevos y afectan a sus secuencias reguladoras (los interruptores generales). Como resultado, los organismos cambian, y lo hacen a velocidades relativamente rápidas. Así consiguen nuevas adaptaciones y también pueden constituirse en nuevas especies.

Pausas y acelerones

Esto concuerda muy bien con los rápidos cambios observados en la forma y el tamaño del pico en los pinzones de Darwin, cuando el régimen de sequías da paso a lluvias frecuentes en las islas Galápagos. También se aprecia en la forma y la conducta de los *guppies* en las islas de Trinidad y Tobago, según si en sus ríos hay o no depredadores de estos peces. Y también en el famoso ejemplo de las polillas del abedul que cambiaron de color debido al hollín de la revolución industrial inglesa (2). Y no sólo eso sino que podríamos explicar también el sorprendente éxito de algunas especies introducidas (3) o de las que colonizan espacios antropizados. En el plano macro-evolutivo, encaja con la teoría del equilibrio puntuado (o interrumpido) de Stephen Jay Gould y Niles Elredge, según la cual el registro fósil no nos engaña al mostrar que las especies permanecen inmutables durante largos periodos de tiempo geológico y cambian luego de forma relativamente súbita. El organismo es capaz de responder ante las nuevas presiones ambientales. No de una manera dirigida, pero sí aumentando (millones de veces) la velocidad del cambio. Al final acaba operando la selección natural y, con un poco de suerte, alguna de las nuevas propuestas de vida sale a delante. Si no, entra en escena la extinción, ya sea de poblaciones locales o de especies enteras.

Dicho de otro modo, el proceder de los transposones es pasar desapercibidos hasta que una crisis los despierta y reactiva. Al igual que los seres humanos, que espabilamos y nos volvemos más creativos cuando las cosas se complican. Los virus y retrovirus se ponen rápidamente en marcha para que pueda proseguir su vida feliz como parásitos. Sin embargo, visto desde el punto de vista del organismo, los genes saltarines pueden ser considerados mecanismos propios de su resiliencia (capacidad de adaptación) o de cómo gestiona las perturbaciones ambientales. Se me ocurre que la feraz radiación de planes corporales que tuvo lugar en el Cámbrico o la enorme diversificación de los picos de las aves tras el evento catastrófico que eliminó a los dinosaurios (4) pudo deberse a que justo en ese momento el genoma de los seres multicelulares se vio invadido por virus. También es posible que la crisis global que marcó el final del Cretáceo despertase a los elementos saltarines. Me da la impresión de que la aceleración de las tasas de diferenciación en poblaciones insulares no tiene sólo que ver con efectos fundacionales y de aislamiento genético, sino con el estrés de colonizar un nuevo medio, con periodos de hiperactividad de los elementos transponibles.

Respuesta al cambio

Hay varias lecciones que se derivan de todo esto. La más trascendente quizá sea que nuestro organismo es una colonia de formas vivas. No sólo alojamos enormes cantidades de bacterias en la piel y los intestinos, no sólo nuestras mitocondrias son antiguas bacterias de vida libre, sino que nuestro ADN está dominado por virus y retrovirus. Una segunda lección es que los cambios rápidos, tanto micro como macro-evolutivos, son posibles y los genes saltarines no son el único medio de conseguirlos. Pueden deberse a una alteración en las secuencias que regulan la actividad de los genes o de los ritmos relativos al desarrollo embrionario. Incluso por medio de poliploidía, sobre todo en el caso de las plantas.

Una tercera y última lección, es que los cambios genéticos pueden provocarse desde el exterior. Cabe recordar en este sentido que los transposones están a menudo silenciados por grupos metilo y que las metilaciones y desmetilaciones responden a pistas ambientales. A veces ellos mismos se silencian, porque no les conviene que cambie el *status quo*. Da la impresión de que tanto la epigenética como los cambios en secuencias reguladoras no son sino mecanismos al servicio de estos virus parásitos que nos gobiernan desde dentro de una manera relativamente egoísta (5, 6). Lo antiguo gobernando a lo nuevo. Lo simple generando complejidad. Tiene sentido.

Como colofón, las propuestas evolutivas defendidas por Lamarck y Cuvier no parecen tan descabelladas como ha pretendido el neodarwinismo durante décadas. Ante tanta diversidad de mecanismos que generan cambio evolutivo, Darwin debe de estar revolviéndose de placer en su tumba de Westminster.

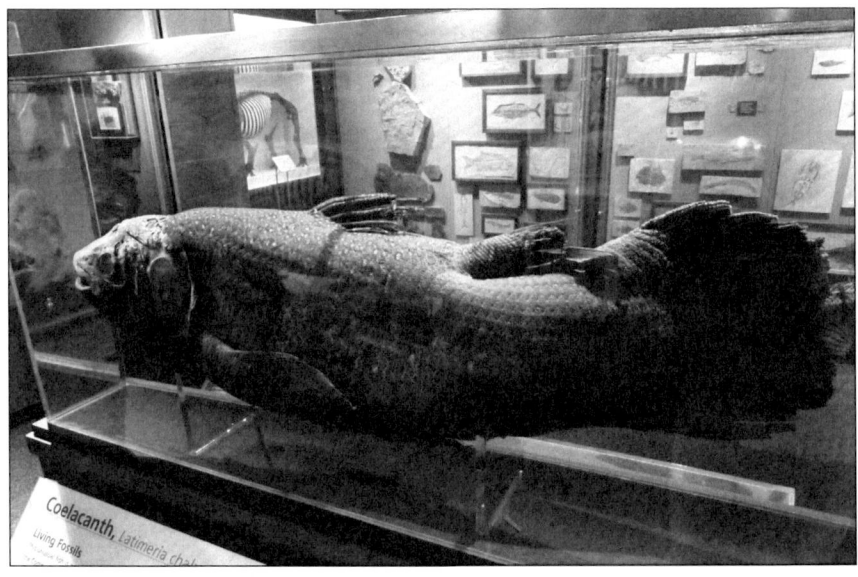

Celacanto (Latimeria chalumnae) expuesto en el Museo de Historia Natural de la Universidad de Harvard (Boston, Estados Unidos). Las especies son soluciones evolutivas al problema de la existencia. Cuando una solución funciona se mantiene estable hasta que cambian las condiciones del medio. Prueba de ello son los fósiles vivientes que viven en entornos poco cambiantes, como las profundidades marinas (Foto: Rafael Serra).

Longevos

En la actualidad, buena parte de los seres humanos viven hasta una edad avanzada y dan muestras de envejecimiento. Eso nos induce a pensar que ocurre lo mismo con la fauna silvestre. Pero... ¿de verdad es así?

Lo primero que tenemos que hacer es definir algunos conceptos que resultan confusos. En la lengua de Cervantes, longevidad es cualidad de longevo y longevo es el individuo que alcanza una edad muy avanzada. Así pues, longevidad sólo se refiere a la larga vida de un individuo. Si, por el contrario, queremos referirnos a toda una población hablaremos de esperanza de vida al nacer, que es la cantidad de años que tienen por delante los miembros de un grupo nacidos en el mismo año (cohorte) hasta su muerte. Un concepto lioso porque no es equivalente al de esperanza matemática de vida al nacer, que es la probabilidad de que una persona nacida en un año determinado muera a la edad que establezcamos. Por otro lado, la esperanza de vida se suele confundir con la edad de senectud. Es decir, si decimos que la esperanza de vida al de los humanos al nacer en la Edad Media era de unos 50 años, esto no significa que la gente a los 50 años fuese ya vieja. Dado que es un promedio, 50 se puede obtener si un pequeño porcentaje de personas llegaba realmente a viejos (pongamos, 80-90 años) y si existía a la vez mucha mortalidad infantil o juvenil, como era el caso. Simplemente, la mayoría de la gente no llegaba a vieja en la Edad Media, pero no eran ancianos a los 50 años. A los 50 años estaban en plena forma por mucho que tuvieran la cara quemada por el sol y las manos llenas de cayos de trabajar la tierra.

Cuesta entender todo esto en la sociedad actual, cuando basta con echar un vistazo a las esquelas de los periódicos para comprobar que la mayor parte de los difuntos superan los 80 ó 90 años y son raras las muertes más tempranas. Lo más complejo de todo es que longevidad y senescencia son en realidad procesos distintos que sin embargo suelen ir emparejados, excepto entre los pacientes de envejecimiento prematuro.

Lo contrario (ancianos juveniles) podría darse también en teoría pero no ocurre hoy en día. Lo primero que deberíamos comprender pues es por qué envejecemos si vivimos muchos años.

Genes con doble efecto

La selección natural ha hecho muy bien su trabajo evitando el envejecimiento en la edad temprana. Los genes que nos mantienen en buena forma durante la edad reproductora son como una moneda con una cara amable y un envés perverso. Nos ayudan cuando somos jóvenes y dejan de hacerlo al superar la edad fértil. Por selección natural, la manifestación de los efectos negativos de esos genes se ha visto empujada muy hacia adelante en el curso de nuestra vida. Los efectos del lado perverso se evidencian a una edad que era poco probable alcanzar de manera natural. Antes te mataba una enfermedad infecciosa, un depredador, una guerra o la caída de un árbol. Por regla general, los animales salvajes siguen sin llegar a esa edad y, si alguno se acerca a ella y empieza a perder funcionalidad fisiológica, muere pronto.

Así pues, si la esperanza media de vida de los leones salvajes al nacer es de 12 años, un león que muera con 11 años y medio es un adulto en la plenitud de su existencia. Si mantenemos a los leones en cautividad, libres de parásitos y enfermedades, con comida asegurada y sin peleas entre ellos, pueden vivir mucho más. Hay registros de leones que han vivido 27 años y entonces sí llegan a ancianos y manifiestan los síntomas propios del envejecimiento. De hecho, podríamos definir un concepto nuevo haciendo uso de este conocimiento biológico. Sería el de "longevidad predicha". Pongamos que ciertos individuos de una especie de loro alcanzan en cautividad los 40 años de edad. Si encontramos que la esperanza de vida al nacer en una población salvaje de una segunda especie del mismo género es también de 40 años, podríamos predecir que en condiciones ideales (las de cautividad) esta segunda especie de loro sería necesariamente mucho más longeva. No podríamos precisar mucho más, pero sí predecir que sería más longeva que la primera.

En algunos animales salvajes se han detectado síntomas de deterioro físico relacionados con una edad avanzada. Por ejemplo, las gaviotas viejas se reproducen peor que las jóvenes. La explicación más plausible es que, como las gaviotas tienen el alimento garantizado gracias a los sobrantes de nuestra civilización, como basuras y descartes pesqueros, logran superar la que hasta hace poco era su habitual esperanza de vida al nacer. Es decir, hoy en día una gaviota salvaje se parece bastante a otra criada en cautividad. De ahí que llegue a vieja y se manifiesten en ella síntomas de envejecimiento. Lo mismo podría decirse de otros animales que emplean habitualmente los desechos humanos, como buitres, cigüeñas y lobos.

¿Es posible aumentar la longevidad sin envejecer?

Si vivimos más, algo deseable, ¿tenemos que pagar un peaje en forma de deterioro físico y mental? ¿No hay manera de escapar a esa aparente ley y vivir más sin envejecer? La respuesta es sí y ese es, además, uno de los grandes desafíos de la ciencia para el futuro cercano. Volvamos a aquellos efectos perversos de los genes a los que nos referíamos antes, programados para muy adelante en el curso de nuestro desarrollo. Aparecen, sobre todo, porque nuestras células se oxidan. Las mitocondrias, las fábricas de energía celular, dejan de estar bien selladas y pierden parte del oxígeno que usan para quemar el alimento que ingerimos. Los escapes acaban por deteriorar todo el citoplasma y, cuando eso ocurre, las células ponen en marcha un dispositivo que desmonta los andamios celulares ordenadamente y recicla el material, un fenómeno llamado apoptosis. Si eso les pasa a muchas células, es un órgano entero el que empieza a funcionar mal, no desempeña bien su función y a eso le llamamos envejecer.

Para evitarlo tendríamos que prevenir la oxidación celular y hay dos maneras de hacerlo. O bien comemos poco, las mitocondrias tienen menos que quemar y se reducen los radicales libres que pueden oxidarnos. O bien comemos lo mismo pero manipulamos la genética celular para que los efectos negativos se retrasen aún más o no aparezcan nunca. No sabemos qué efectos secundarios podría tener esto último. En cuanto a retrasar los efectos indeseables, imagino que tendríamos que respetar el límite de Hayflick, es decir, el número máximo de años que un individuo puede vivir y que viene marcado por el número de divisiones celulares (mitosis) que tiene programadas al nacer. Ese número es variable y depende de lo que nos hayamos cuidado durante la vida. Los que se cuidan más tienen una edad biológica menor que otra persona nacida en el mismo año pero que haya llevado una mala vida, por ejemplo bebiendo o fumando en exceso, sufriendo estrés o padeciendo hambrunas.

El peor de nuestros males

Con cada división celular los extremos de los cromosomas (telómeros) se acortan y dejan expuesto el ADN nuclear a los daños que puedan causar los agentes externos. Ese es el reloj interno que determina nuestra longevidad máxima. Una opción de la ciencia es constituirse en Penélope y averiguar cómo se reponen los tapones de los cromosomas después de haberse perdido. Eso pasa por domesticar la telomerasa, la proteína que sintetiza a los telómeros. Parece imposible, pero es justo lo que hace el cáncer: consigue que una línea celular sea inmortal, aunque a costa de destrozar al resto de los tejidos y, en última instancia, a sí misma. El cáncer y el envejecimiento son dos caras de la misma moneda. O las líneas celulares envejecen o viven eternamente.

Es posible que los animales salvajes manifiesten cada vez más el envejecimiento. Viven más cerca de nosotros, porque se benefician de nuestro papel como ahuyentadores de depredadores y suministradores de comida. En el caso de los buitres o de las aves de jardín, su asociación con las fuentes predecibles de alimento que les proporcionamos podría hacer que sobrevivan a pesar de tener parte de su fisiología deteriorada. Es decir, se comportarían en cierta manera como los animales salvajes criados en cautividad o los domesticados.

Por lo que respecta a nosotros mismos, es posible que podamos vivir más todavía, hasta un límite máximo de en torno a los 120-125 años (si es que eso no lo cambiamos también al domesticar la telomerasa) y llegaríamos en buena forma física al momento de despedirnos de la aventura de la vida. Nosotros estaremos contentos, pero le habremos gastado a la naturaleza una broma muy pesada: introducir en ella el peor de nuestros males: vivir con las funciones vitales mermadas.

Buitres leonados (Gyps fulvus) en un comedero para aves carroñeras. Dado su gran uso de los aportes humanos de alimento, es de esperar que los buitres vivan más tiempo y acaben por mostrar síntomas de envejecimiento. Es decir, los viejos podrán seguir sobreviviendo y se batirán records de longevidad pero con individuos senescentes, como en el caso de nuestra especie (Foto: Beatriz Vigalondo).

El tercer ojo

Han corrido ríos de tinta sobre la existencia de un tercer ojo que los humanos tendríamos hacia la mitad de la frente. Un ojo místico, capaz de dotarnos de clarividencia y unas extraordinarias capacidades perceptivas. Pero quizá este concepto esotérico derive de la observación —y posterior tergiversación— de la naturaleza, donde sí hay animales dotados de un tercer ojo.

El ojo parietal es una parte del sistema nervioso central con capacidades fotorreceptoras. Está asociado a la glándula pineal, que se asoma al exterior a través de un orificio en el cráneo. Esta estructura regula tanto el ritmo circadiano como la producción de hormonas vinculadas con la termorregulación en numerosas especies de peces, anfibios y reptiles, aunque está ausente en aves y mamíferos.

De todos modos, la glándula pineal sí que existe en el cerebro de aves y mamíferos, aunque ahora sólo recibe estímulos luminosos a través de los ojos. Esta glándula, llamada pineal porque tiene forma de piña (aunque es del tamaño de un grano de arroz), produce una hormona denominada melatonina que regula nuestro ciclo diario de sueño y vigilia, entre otras importantes funciones. Bien lo saben quienes están obligados a embarcarse en rápidos vuelos transoceánicos y toman melatonina para recuperarse de los perniciosos efectos del síndrome de los husos horarios o *jet lag*. La oscuridad estimula la producción de melatonina, mientras que la luz la inhibe.

Un órgano relicto

La ausencia de ojo parietal en aves y mamíferos sugiere que ambas clases animales descienden de reptiles endotermos que carecían de ese rasgo. También es posible que lo perdieran posteriormente en el curso de la evolución al desarrollar su capacidad de mantener el cuerpo caliente al margen de la temperatura exterior (endotermia). Por lo que sabemos, los ancestros reptilianos de los actuales mamíferos perdieron el ojo parietal

El tercer ojo

hace casi 250 millones de años (1), lo cual apoya la primera hipótesis. Es decir, que los mamíferos actuales proceden de ancestros reptilianos que ya eran de sangre caliente. Por tanto, la actual glándula pineal de los mamíferos habría cambiado su primitiva función fotorreceptora por la endocrina, aunque permanece como testigo de un pasado anterior a la evolución de la endotermia en nuestros lejanos ancestros reptilianos.

Todo esto también nos indica que los mamíferos son un grupo monofilético, es decir, que todos ellos derivan de un solo grupo de reptiles endotermos, concretamente los terápsidos. Por poner un ejemplo contrario, los saurios (lagartos, iguanas, salamanquesas, eslizones) no son un grupo monofilético. Forman una agrupación artificial que engloba a reptiles de apariencia similar pero que proceden de diferentes orígenes evolutivos. De hecho, algunos saurios están más emparentados con las serpientes que con otros saurios. Y, por añadir otro ejemplo, los cocodrilos, que parecen lacértidos gigantes, tienen un ancestro común más próximo a las aves que a los lagartos.

Sabemos que las aves evolucionaron a partir de los dinosaurios terópodos que vivían hace entre 200 y 145 millones de años en el periodo Jurásico. Pero hace 90 millones de años había aves con ojo parietal, las del género *Melovatka*, lo que sugiere que aquí sería más adecuada la segunda hipótesis, es decir, que las aves evolucionaron a partir de reptiles ectotermos y desarrollaron posteriormente su endotermia. Parece que las aves son monofiléticas y que derivan todas ellas de los dinosaurios Saurisquios, lo cual implicaría que al principio todas las aves eran ectotermas. En cualquier caso, cada vez resulta más difícil establecer una barrera entre reptiles y aves, sobre todo a raíz de los recientes y abundantes hallazgos de reptiles fósiles emplumados en las canteras chinas de la provincia de Liaoning. En España también se han encontrado restos de aves muy primitivas, caso de *Iberomesornis* en el yacimiento de Las Hoyas (Cuenca), que tenía el tamaño de un gorrión.

Especies actuales con tercer ojo

El ojo parietal puede observarse hoy en numerosas especies de lagartijas, ranas y sapos. También en muchos peces, ya sean cartilaginosos (como los tiburones) u óseos (como el atún). Por lo que respecta a la fauna ibérica, según me cuenta el herpetólogo gallego Pedro Galán, una enciclopedia viviente donde las haya, el ojo parietal está presente en prácticamente todos nuestros saurios. Puede apreciarse en cualquier especie de lagartija, así como en luciones y eslizones. En el caso de los lagartos es más difícil, pues queda oculto por el desarrollo de placas óseas de refuerzo u osteodermos. De cualquier forma, hace falta una lupa para localizar el famoso tercer ojo y podemos identificarlo como un circulillo que aparece en la placa interparietal.

En los anfibios es mucho menos patente, pues queda cubierto por la piel en la mayoría de las especies modernas. Las salamandras conservan una estructura menos derivada con respecto a la ancestral que se denomina glándula paripineal.

Siempre que se habla de ojos pineales es obligado referirse a los tuátaras, que son unos reptiles muy especiales. Se parecen a las iguanas, pero tienen muy poco que ver con ellas. Proceden de reptiles que habitaban en el antiguo súper continente de Gondwana y hoy sólo existen en algunas islas cercanas a Nueva Zelanda. Como buenos fósiles vivientes, cuentan con un ojo parietal especialmente desarrollado. El agujero pineal del cráneo es proporcionalmente grande y el tercer ojo cuenta con cristalino y retina, ¡nada menos!

Endotermos con reminiscencias reptilianas

Dado que la glándula pineal sigue alojada en el interior de nuestro cráneo, podríamos tomarnos la licencia de proponer que, aunque seamos endotermos, todavía conservamos viva una parte de nuestro pasado ectotermo reptiliano. Yo, al menos, me acuerdo mucho de los tuátaras y su gran atracción por la luz cada vez que las nubes ciegan el sol en las costas de Galicia y me embargan humores melancólicos debido a mis bajos niveles de melatonina.

Como nunca hay que desaprovechar la ocasión para acabar con un mito, arremeteré como broche final contra la extendida creencia popular de que Suecia es el país europeo con mayor porcentaje de suicidios debido al mal tiempo. Al parecer, según datos de 2008, los primeros puestos en tan peliagudo asunto corresponden a Kazajistán, Estonia, Moldavia y Polonia. Suecia es sólo la quinta potencia mundial. Malos países todos ellos para ser reptil, sobre todo de gran tamaño pues a mayor volumen corresponde proporcionalmente menor superficie exterior y la superficie es vital para los que viven del sol.

Cabeza de lagartija serrana (Iberolacerta monticola) con una flechita que indica la localización del ojo parietal o tercer ojo (Foto: Pedro Galán).

PARTE IV: EL SER HUMANO EN LA BIOSFERA

¿El estigma de la biosfera?

Tenemos una fuerte tendencia a pensar que el ser humano es malo por naturaleza. Malo para los demás seres humanos y un cáncer para la biosfera. Intentaré argumentar que no es tan así. Nuestra percepción de nosotros mismos está sesgada debido a añejas cargas históricas, lecturas equivocadas de las evidencias científicas y un profundo desconocimiento de nuestra propia especie.

Los españolitos hemos nacido y crecido en el seno de una civilización dominada por la cultura judeocristiana. Llevamos la culpa a cuestas y hasta hemos de pasar por el rito bautismal para limpiarla. Mal comienzo. La culpa se denomina "pecado original" y lo cometieron supuestamente Adán y Eva al probar la fruta del árbol del conocimiento. En primer lugar, defenderé que el relato del Génesis narra de manera metafórica el tránsito del Paleolítico al Neolítico en Oriente Próximo hace unos 5.000 años (1). Y, en segundo lugar, que dicho tránsito no se hizo de forma voluntaria, por mucho que discrepe Harari en su exitoso libro sobre nuestra especie (2). Nos vimos forzados a intensificar la agricultura por la llegada del buen tiempo en el periodo interglaciar, que nos dejó sin grandes extensiones de pastizales y, por ende, sin proteína animal.

Nadie en su sano juicio habría querido "ganarse el pan con el sudor de su frente" cuando podía salir a recoger y cazar por ahí fuera. Por tanto y para empezar, nunca hubo un "pecado". Todo el camino que hemos andado como especie lo hemos hecho de la mano del clima, que es quien realmente manda aquí. Las grandes transiciones de nuestra historia (abandono de la selva, adquisición de una mente simbólica, salida de África, decadencia de la caza-recolección, grandes guerras y revoluciones) han venido todas determinadas por el clima.

Cuestiones históricas

Ya tenemos aquí al ser humano del Neolítico, víctima del clima y cavando la tierra, primero con palos y luego con arados. Ahora bien, el paso al Neolítico ¿representó la destrucción de la diversidad biológica del anterior paraíso? Solemos decantarnos por un sí. Sin embargo, cada vez resulta más patente que el ser humano sólo fue la puntilla de la gran fauna de mamíferos del Pleistoceno y que la agricultura sustituyó el papel funcional de los grandes herbívoros robando espacio al bosque. Por eso los mosaicos agrosilvopastorales del Mediterráneo han preservado hasta nuestros días la diversidad faunística anterior al Holoceno. Sí es cierto que, aunque hemos preservado la variedad de formas y generado otras nuevas por domesticación, hemos perjudicado a las especies forestales y, en consecuencia, favorecido a las que vivían en espacios abiertos. También hemos reducido las abundancias.

Pero donde más se nota nuestra mano es en las islas. Muchas especies pleistocenas procedentes del continente encontraron allí refugio hasta la llegada de los primeros humanos. Las islas son un caso especial porque albergan un bajo número de especies, aunque presentes en altas densidades. Un hecho típico en zonas aisladas y de pequeño tamaño. Allí, en comparación con el continente, los efectos negativos humanos se amplifican. A ello hay que añadir el carácter manso de la fauna isleña debido a la ausencia de depredación y por tanto de mecanismos antipredatorios. En las islas sí podríamos decir que hemos sido "malos", en el sentido de llevar a sus formas exclusivas hasta la extinción. Simplemente en ellas cometimos el error de aplicar las mismas estrategias de explotación que en el continente. En las islas es muy difícil que las bajas sean reemplazadas desde poblaciones fuente. De hecho la mayor parte de las especies de vertebrados extintos en los últimos milenios (o siglos) son isleñas. Nosotros no somos especies isleñas y nos comportamos en las islas como si siguiéramos en el continente. Una equivocación cometida archipiélago tras archipiélago, a lo largo y ancho de la faz de la Tierra.

Pero en los continentes, donde se encuentra la mayor parte de la fauna, la historia es diferente. Ahora resulta que las poblaciones de muchas especies rebotan a partir de pequeños núcleos relictos en lo que podríamos llamar "efecto goma", que se estira y se encoge según las circunstancias (lo bueno es que aún hay de dónde estirar).

Mala lectura de las evidencias

Siempre hemos pensado que los neandertales eran los verdaderos dueños del solar europeo, los humanos del frío, de las estepas abiertas, y que la entrada en Eurasia de nuestra especie, tras la última salida de África, fue la causa de su extinción. Sin embargo, ahora vamos aprendiendo que probablemente no fue así. En primer lugar, los neandertales no habitaban en frías estepas sino en bosques (3). Sus grandes narizotas, antaño interpretadas como una cámara para calentar el aire, emergen ahora como todo lo contrario: estructuras de disipación del calor. Los neandertales cazaban en la espesura del bosque, cuerpo a cuerpo. Eran humanos muy fornidos que sufrían gran cantidad de traumatismos y morían a edades tempranas al enfrentarse con sus presas. Se extinguieron hace 30.000 años, tras convivir con nuestros ancestros durante 10.000 años e incluso llegar a hibridar con ellos. Su extinción está vinculada con la desaparición de los bosques a raíz de la última glaciación. Al parecer su verdadero hogar era el sur de Europa y no el frío norte, a donde tan sólo llegaron explorando. Las últimas poblaciones subsistieron refugiadas en las cuevas del sur de la península Ibérica, comiendo peces, focas, delfines y moluscos (4). Así pues, no fueron los humanos modernos los que provocaron la extinción de nuestros parientes cercanos. Simplemente al humano de la sabana (y sus armas) le fue mejor en los espacios abiertos a causa del frío glaciar. Otra culpa gorda que quitarnos de encima. Y ya van dos.

También leemos mal las evidencias sobre el calentamiento global. Que hay calentamiento y que es de origen antrópico genera pocas dudas hoy en día. Sin embargo, que consideremos por ello execrable al ser humano ya es harina de otro costal. Al parecer, la quema de bosques entre el Neolítico y el siglo XIX ha evitado la llegada de la siguiente glaciación que el planeta nos tenía preparada (5). Eso no significa que nos hayamos librado de pasar frío, porque una de las consecuencias más probables del calentamiento global es que se altere la corriente termohalina que mueve el calor de los trópicos hacia las latitudes templadas. Si eso ocurriera, nuestra especie se enfrentaría súbitamente a unos cuantos siglos de enfriamiento, hasta que los casquetes polares se recuperaran y volviera a establecerse la circulación marina del calor. Pero ahí es nada que hayamos cambiado la duración media de una glaciación (unos 100.000 años) por unos siglos de frío. Eso lo hemos hecho nosotros, "los hacedores del clima", como nos llama Tim Flannery, y a buen seguro tiene repercusiones muy positivas para innumerables formas de vida que aman el calor y la humedad en este planeta. Hay que andarse con mucho cuidado antes de declarar al ser humano malvado en los juicios de la vida.

Desconocimiento de nuestra propia especie

Hasta hace poco se ha venido usando a los chimpancés como modelo de nuestro último ancestro común con los primates antropoides. Otro grave error (6), pues los chimpancés son unos primates muy agresivos y estamos convencidos de que somos como ellos. Dos descubrimientos han demostrado que estábamos equivocados. En primer lugar, nuestro último ancestro común con los antropoides fue al parecer *Ardipithecus ramidus*, un primate arbóreo y ya bípedo. Pero su bipedismo era hijo de la escalada, de la necesidad de trepar por los troncos, no de desplazarse por la sabana. Además, *Ardi* era poco agresivo, al menos en cuanto al emparejamiento, ya que machos y hembras tenían colmillos de igual talla (8). Al igual que los monógamos gibones actuales.

Por otro lado tenemos a los bonobos, parientes cercanos de los chimpancés de los que se separaron hace un par de millones de años, debido a la barrera que levantó el río Congo. Los bonobos rehúyen el conflicto y se reconcilian con facilidad. Su comportamiento tiene seguramente mucho que ver con la naturaleza neoténica de su evolución, un rasgo que comparten con nosotros: son cachorros toda la vida, cachorros con capacidad reproductora. Los seres humanos mantenemos el mismo grado de parentesco con chimpancés y con bonobos, de manera que tenemos la capacidad de comportarnos como cualquiera de los dos. Y, en efecto, así es. Somos capaces de las maldades más atroces y de increíbles gestos de altruismo. Somos buenos y malos a la vez, pero no más una cosa que la otra. Nuestra mente, que gusta de las soluciones dicotómicas, lleva mal esa ambigüedad y a poco que la cultura presione nos decantamos por una de las dos opciones y no por la suma de ambas. Nuestra cultura nos considera originariamente malos, hace caso omiso de los actos cotidianos de generosidad e ignora la existencia de una moralidad natural en la naturaleza (7).

Seguramente esto tiene mucho que ver con lo práctico que les resulta a las miles de religiones del planeta erigirse como inventores de la moralidad, como gestores del bien y del mal, y como redentores de nuestra maldad innata, siempre y cuando sigamos una serie de preceptos. Me alegra haber vivido lo suficiente para darme cuenta de que el mal no anida en nosotros, al menos no más que el bien, y que nuestro camino desde el Paleolítico ha venido marcado por las poderosas fuerzas de la hidrosfera, la litosfera y la atmósfera. Somos tan víctimas como pueda serlo cualquier otra especie. Vivir no es fácil y no tenemos un libro de instrucciones a nuestra disposición. A cada paso hemos tenido que improvisar, dentro de los grados de libertad que el planeta nos permitía. Llevamos aquí 200.000 años y éste aún sigue abarrotado de vida. Incluso cada vez somos más conscientes de lo que debemos hacer para que siga así.

Mi visión del futuro es optimista y dejo las teorías apocalípticas para los pesimistas que se apoyan en tradiciones culturales, información sesgada y escaso conocimiento de nuestra especie. No es culpa de nadie: el cerebro evolucionó para sobrevivir en los ecosistemas tropicales secos africanos y no para conocernos mejor a nosotros mismos. Lo que hemos conseguido aprender sobre nosotros mismos es uno de los grandes logros de la historia de la humanidad.

Una golondrina no hace primavera

Setos, prados y huertos en Asturias. Las fórmulas tradicionales de explotación agrosilvopastoral sustituyeron el papel funcional de la gran fauna de herbívoros del Pleistoceno y generaron un paisaje en mosaico que ha preservado la diversidad biológica (Foto del autor).

Desacoplados

Esta vez no voy a hablar de gaviotas, nutrias, plantas, bacterias, osos o insectos. Intentaré explicar por qué en la era más avanzada de la medicina nosotros, los animales humanos, contraemos enfermedades que antaño eran raras. Seguiremos el lema del templo de Apolo en Delfos: "conócete a ti mismo".

Desde el descubrimiento de los antibióticos tenemos a las enfermedades infecciosas contra las cuerdas. Unas enfermedades que contrajimos durante la revolución neolítica, a raíz de nuestra estrecha convivencia con el ganado en nuestras casas. Pero algunas de esas enfermedades infecciosas, que ya dábamos por extintas, están recuperando protagonismo. En parte debido al actual movimiento anti-vacunación, que no sólo tiene los pies de barro sino que podríamos considerar insolidario e irresponsable. Hemos de mantener a raya a las pocas bacterias que nos causan problemas, porque se reproducen a mucha velocidad y evolucionan a un ritmo endiablado generando resistencia a los antibióticos, en parte porque intercambian material genético de forma horizontal. No queda más remedio que jugar con ellas al gato y al ratón, desarrollar nuevos y más eficaces antibióticos para que, a fuerza de correr ambos a la misma velocidad, nos quedemos como estamos, como la Reina Roja de Alicia a través del espejo (véase capítulo 17). Hay que dar por hecho que los nuevos medicamentos sólo servirán durante unos pocos años y que ese periodo de tiempo será más corto cuanto peor uso hagamos de ellos durante el tratamiento de nuestras infecciones.

Hasta aquí, nada nuevo: controlamos bastante bien las enfermedades infecciosas. La consecuencia más importante ha sido que la esperanza de vida al nacer de nuestra especie ha aumentado mucho por ello. Antes también había gente que llegaba a los 90 años, pero ahora la mayoría tiene casi garantizado vivir hasta una edad muy avanzada al haber superado a los microbios. Pero nada sale gratis en esta vida.

Vivir más implica padecer nuevas enfermedades. Veamos. La razón es que muchos genes que nos mantienen en buena forma hasta la edad reproductora dejan de ejercer su papel benéfico tras esa edad. Los genes que nos protegían en la juventud se relajan a edades avanzadas y con ello llega el deterioro celular, derivando en el mal funcionamiento de tejidos y órganos. Es decir, en el pasado la mayoría de las personas moría de otras causas (como accidentes o enfermedades infecciosas) antes de que esos efectos negativos de los genes llegasen a manifestarse, pero ahora... ¡¡¡llegamos vivos al momento tardío de nuestras vidas hasta el que la selección natural había empujado su manifestación!!! Sólo las células cancerígenas han descubierto la manera de librarse de ese problema y lo logran haciéndose inmortales. Domestican o esclavizan la telomerasa, el enzima que reteje la porción de los telómeros (tapones situados en el extremo de los cromosomas) que se desgastan con cada división celular. Así que, salvo accidente, o envejecemos o morimos de cáncer. Esas son las dos opciones que tenemos actualmente y están relacionadas como las dos caras de una moneda.

Pero el cáncer no sólo depende de ese traicionero doble efecto de los genes con la edad. Los modos de vida actuales también contribuyen a generarlo, digamos antes de que él se manifieste por sí mismo. Pensemos, antes de nada, que el genoma humano apenas ha cambiado en los últimos 100.000 años. Nuestros genes son de la Edad de Piedra, mientras que nuestro modo de vida es de la Era Espacial (1). Seguimos teniendo la biología del ser humano del Pleistoceno, pero la vida ha cambiado enormemente a nuestro alrededor. El cáncer de mama, sin ir más lejos, parece estar relacionado con el estrés hormonal al que está sujeta una mujer del siglo XXI, que pasa a lo largo de su vida por muchos más ciclos menstruales que una mujer del Paleolítico. Y no sólo eso, en este tipo de cáncer también influyen factores ambientales como la iluminación nocturna, que altera las horas que dedicaríamos al descanso natural.

Nuestros ritmos biológicos y culturales están completamente desacoplados

Otros ejemplos notables de enfermedades debidas al modo de vida actual son las generadas por el exceso de sal, azúcares rápidos, grasas saturadas o alcohol. El cuerpo humano siente apetencia por esas sustancias debido a distintos motivos históricos, pero ahora las tenemos disponibles *ad libitum* y ambos factores combinados (apetencia y disponibilidad sin límites) forman un cóctel explosivo. Veamos, por ejemplo, el caso de las grasas. Nuestro metabolismo evolucionó para ser ahorrativo. Los periodos de hambre eran cosa habitual y las personas que tenían una capacidad innata para almacenar grasas se vieron favorecidas. Somos una rareza entre los mamíferos porque acumulamos grasa subcutánea, como los mamíferos marinos. Aquellos antepasados sobrevivieron, se reprodujeron más y nosotros somos sus descendientes. Si a esa predisposición fisiológica se añade la abundante y barata comida basura de hoy en día, ya tenemos explicado el alto porcentaje de niños obesos que hay en la actualidad; sobre todo si la dieta rica en ácidos grasos saturados coincide con una vida sedentaria que no proporciona el suficiente ejercicio para quemar las calorías ingeridas.

Con el azúcar ocurre lo mismo. La apetencia por el azúcar viene de nuestro largo pasado frugívoro, que puede remontarse hasta los felices tiempos de aquellos ancestros que vivían en las selvas lluviosas del Plioceno. Si en lugar de saciar esa apetencia con las frutas ingerimos azúcares de rápida asimilación, ubicuos en los alimentos elaborados, habremos garantizado los problemas de obesidad y las altas tasas de diabetes de tipo II. Recordemos que una simple lata de refresco lleva camufladas unas nueve cucharadas de azúcar.

Los mismos razonamientos pueden aplicarse al consumo excesivo de alcohol. Nuestra relación con el alcohol también se remonta al pasado frugívoro, cuando comíamos fruta algo pasada de maduración en el suelo del bosque. De hecho, el nombre científico del madroño, *Arbutus unedo*, alude a la recomendación tradicional de comer un solo fruto debido al riesgo de borrachera. De la que tampoco se libran osos y monos si ingieren frutos en estado de fermentación alcohólica.

Lo de la sal es aún más complicado. Parece que los problemas de hipertensión son más comunes en América entre la población de origen africano y eso podría explicarse por algún proceso selectivo del pasado. En este caso, por las penosas condiciones de transporte de esclavos hasta el Nuevo Mundo, que acabó seleccionando a aquellos que retenían mejor las sales. Una vez más, lo que fue ventajoso en el pasado se convierte ahora en una maldición. La sal es vital para mantener las bombas de sodio-potasio en la membrana de nuestras células, pero en cantidades pequeñas.

Otros agentes de selección

Otros agentes selectores del pasado han sido la malaria, la peste bubónica, los periodos de frío glacial o la escasez de sol (2). Todos ellos explican por qué padecemos ahora ciertas enfermedades y la razón es siempre la misma: los genes que ahora las causan nos vinieron bien antes. Las circunstancias han cambiado, pero no los genes. Los europeos del sur tienden a ser peludos como mecanismo de defensa ante la picadura de los mosquitos que transmiten el paludismo, enfermedad que también explica la alta propensión a la anemia falciforme en los países ribereños del Mediterráneo. En estado heterocigótico, los portadores del alelo recesivo están dotados de protección contra esta enfermedad parasitaria y sólo la padecen los que portan el alelo recesivo en estado homocigótico. El mal de unos es en beneficio de la mayoría y la enfermedad se mantiene en el tiempo (3). La prevención de la malaria está también relacionada con el fabismo o tendencia a generar excesivos gases tras la ingesta de habas.

La plaga de peste bubónica del siglo XIV explica que hoy haya gente que muera oxidada a una edad avanzada, a causa de un exceso de hierro en su organismo. Una enfermedad que recibe el nombre de hemocromatosis. En las personas sanas, los macrófagos (unas de las células defensivas de nuestro sistema inmune) son ricos en hierro, pero no en los que la padecen. Así pues, la hemocromatosis libra a sus afectados de padecer muchas enfermedades infecciosas, ya que las bacterias necesitan hierro para vivir y pueden robarlo de los macrófagos. Sin hierro las bacterias lo pasan mal. Un caso más de fusión entre gea y bio, que ya se ha abordado en la sección de este libro dedicada a la ecología. Los portadores de macrófagos sin hierro tuvieron una ventaja adaptativa ante la peste negra, pero no sus descendientes que hoy alcanzan con facilidad la edad a la que suele manifestarse el lado oscuro del exceso de hierro.

Precisamente el hierro me lleva a otro asunto de interés biológico protagonizado por la clara del huevo. Esta membrana protectora de la célula (o sea, de la yema) tiene proteínas quelantes, capaces de secuestrar el hierro. Así es como los embriones del mundo aviar evitan las infecciones bacterianas. No es raro, por tanto, que la gente usase la clara de huevo para desinfectar las heridas. Esta vez no de trata de uno de esos muchos mitos que hemos creado. La anemia que acompaña al embarazo bien puede ser por tanto un mecanismo del cuerpo humano para defenderse de la infección bacteriana en un momento crítico del desarrollo embrionario y el aporte extra de hierro podría causar más perjuicio que beneficio. Unos mínimos de hierro son necesarios, pero una alimentación adecuada (por ejemplo dejando a un lado las sustancias, como los lácteos, el café o el té, que impiden la absorción del hierro), debería bastar para evitar problemas de excesiva escasez. Pero pecar de exceso no mejoraría las cosas, como casi siempre.

Una golondrina no hace primavera

Antiguo templo de Apolo en la zona arqueológica de Delfos (Grecia). A su entrada estaba la célebre inscripción "Conócete a ti mismo". Fue sede del oráculo de Delfos y, por tanto, no era un espacio dedicado a la ciencia, sino a la adivinación. Podemos emplearlo, sin embargo, como un símbolo de la necesidad de conocernos a nosotros mismos, aunque sólo sea por la belleza de la frase y del lugar. (Foto del autor).

Anthrôpos

Salvo en las fábulas, está mal visto atribuir a los animales características humanas. Y con razón. Pocas cosas hay más detestables que disfrazar a un chimpancé y considerarlo un ser humano muy básico. Sin embargo, el miedo al antropomorfismo no debe ocultar lo mucho que tenemos en común con el resto de los animales.

En realidad, todo sería mucho más correcto si las comparaciones fuesen al revés. Cuando un águila real alimenta con mimo a sus polluelos no deberíamos decir que parecen personas, sino justo lo contrario. ¡Los seres humanos nos parecemos a las águilas cuando alimentamos con mimo a nuestras crías! Las aves rapaces estaban en este planeta mucho antes que nosotros. El antropocentrismo, verlo todo desde el prisma humano, nos lleva a cometer el gran error del antropomorfismo, es decir, pretender humanizar la naturaleza. Pero si lo miramos al revés, el antropomorfismo está revelando una información valiosa. Sucede por algo. Y ese algo es que, a fin de cuentas, no somos tan distintos como nos empeñamos en creer.

El pasado otoño, durante el veranillo de San Miguel, algunas aves se vieron confundidas en Galicia. Probablemente subieron los niveles en sangre de ciertas hormonas y tuve el placer de contemplar la parada nupcial de unos ratoneros comunes (*Buteo buteo*). Unas rapaces, por cierto, que han dado en llamarse "busardos ratoneros" porque los ingleses las llaman *buzzards*, un caso claro de anglocentrismo en ornitología. Todos sabemos que las paradas nupciales de las rapaces son espectaculares. La de los ratoneros me recordó a un adolescente haciendo cabriolas con la bicicleta delante de un grupo de chicas para demostrar su habilidad, coordinación, juventud y, en suma, su valía como pareja potencial. ¿Estaban los ratoneros jugando a adolescentes humanos? No. Todo lo contrario. El jovenzuelo de la bicicleta emulaba (porque ni siquiera llegaba a imitar) al ratonero en sus juegos aéreos. ¡Los ratoneros llegaron antes!

Hechos a retazos

Pero el orden de los factores no debe alterar el producto. Al pavonearnos (verbo que también se apoya en el comportamiento de un ave) nos parecemos a los ratoneros. Nos parecemos mucho. Eso es innegable y tiene una lógica aplastante. La lógica de la evolución. Si somos capaces de cambiar el matiz de nuestra observación y no colocarnos en el centro del mundo, verificar los parecidos entre nuestro comportamiento y el de la fauna puede llevarnos a una sensación estupenda de unidad con todas las formas vivas de la biosfera, incluidas las plantas, los hongos, las bacterias y los protistas.

Tenemos ojos cámara, como los del pulpo; nuestros pulmones proceden de los primeros peces pulmonados; brazos y piernas no son más que aletas modificadas; las uñas planas se las debemos a los primates, no a las garras del leopardo; los dientes son de pez, mientras que la cabeza, separada del tronco, es de anfibio; dos de los huesecillos del oído medio proceden de la mandíbula de los reptiles; el pelo tiene el mismo origen que las escamas de los reptiles o las plumas de las aves... Y así podríamos seguir deconstruyendo el cuerpo humano pieza por pieza y trazando su origen en el pasado.

Pocas cosas hay que nos hagan singularmente humanos. Aparte de por tener un cerebro más complejo, de los demás primates nos distinguimos por rasgos menores, como la capacidad de correr (una ventaja del bipedismo), el crecimiento continuo del pelo (las peluquerías son un invento genuinamente humano o por lanzar objetos con gran tino (como los famosos honderos de las Baleares, que las legiones romanas se rifaban). También hay diferencias más sustanciales, como el hecho de tener adolescencia y menopausia. El hecho de no prolongar la ovulación a partir de cierta edad es una característica humana aparentemente contraria al deseo de aumentar nuestra eficacia biológica, aunque en el fondo no sea así.

Diferentes formas de cultura

Pero, de todas nuestras características, la más relevante es sin duda la posesión de una mente simbólica. Fabricamos símbolos. Nuestra vida está llena de ellos: el dinero, las empresas, los cargos, los dioses, las banderas... No creo que las fronteras sean símbolos, pues existen en la naturaleza y los animales las entienden muy bien. Las fronteras son más bien realidades. La mente simbólica inventó la música, la danza, la pintura y la escultura. Las bellas artes. Eso sí es genuinamente humano. Pero no debemos confundir estos logros con el hecho de que los animales tengan o no cultura.

Como nos recuerda Frans de Waal, la cultura es todo aquello que adquirimos en el curso de nuestras vidas, en oposición a lo innato o heredado que forma parte del *software* genético con el que nacemos (1). Desde esta perspectiva, existen aplastantes evidencias de cultura en el mundo animal no humano. Por ejemplo, las aves tienen diferentes dialectos según las regiones geográficas, las estrategias de alimentación pasan de padres a hijos en las especies sociales y son capaces de innovar en el uso de herramientas, lo que luego se transmite rápidamente por imitación.

La cultura ocupa un lugar muy importante en la vida de los animales, que distan mucho de ser meros autómatas dirigidos por un programa codificado. Casi todo lo que hacemos, nosotros o el resto de los animales, es el resultado de una interacción entre lo innato y lo aprendido. No es enteramente una cosa ni la otra. Mamamos de manera innata sí, pero unos bebés pueden aprender a mamar mejor que otros con la ayuda cultural de las madres. Buena prueba de la importancia de la cultura, del aprendizaje, es el habitual fracaso de los proyectos de reintroducción en los que no se enseña a los animales liberados a buscar e identificar aquello que les puede servir de alimento o a defenderse de los depredadores (2).

Destino compartido

Todo lo anterior me lleva a pensar en el dilema de la naturaleza humana. Algunas veces he escrito sobre este asunto, con toda naturalidad o atrevimiento. Pero soy consciente de que lo he hecho desoyendo la tendencia más común dentro de la filosofía, que consiste en pensar que la naturaleza humana no existe, porque supuestamente disfrutamos de libre albedrío y lo natural es sólo para los demás animales. Esta dicotomía, que se remonta por lo menos a Descartes, ha hecho mucho daño a la biosfera. Nos separa de ella e impide que veamos el bosque, el mar o sus habitantes como un continuo con nosotros o viceversa. Una de las mejores cosas a las que podemos aspirar en esta vida es a integrar esa unidad en nuestra cosmovisión. Integrarla hasta sentirla (3).

No esperaría ver a un calamar preocupado por escribir un libro, ni a una quisquilla apesadumbrada con sus creencias en el más allá. Pero nada de eso representa un abismo insondable. Es simplemente un salto cuantitativo. Como le decía Huxley a Darwin: la naturaleza sí da saltos, no hay por qué esconderlos. Saltos como el cambio de fase del agua a partir del punto de congelación o de ebullición. Pero, fuera de ese mundo simbólico de nuestras mentes, la realidad biológica de un tejón y de una persona es condenadamente similar. Similares aspiraciones vitales (comer, sobrevivir, reproducirse, no pasar frío, dormir bien) y similares miedos reptilianos. Es reconfortante ver el mundo de esa manera integradora y, desde luego, se siente uno mucho más acompañado.

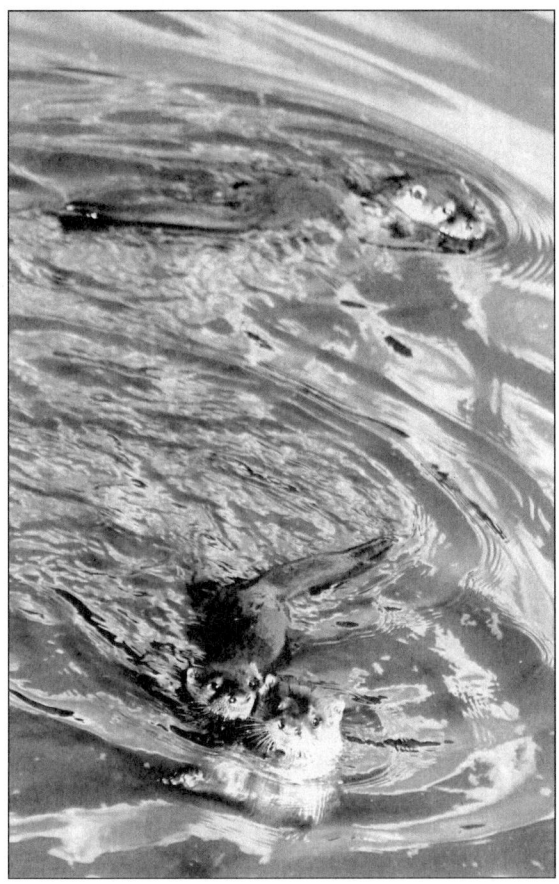

El comportamiento de una hembra de nutria con sus crías difiere poco del de una madre humana con sus hijos. La nutria puede ofrecer un pez a las crías con la misma insistencia que una madre persigue a sus hijos con el bocadillo por el parque. En ambos casos, los vástagos están más interesados en jugar que en comer. Esto no es antropomorfismo, sino un reflejo de la cercanía evolutiva entre ambos mamíferos. (Foto del autor).

Pequeños mundos

Los naturalistas tenemos tendencia a fijarnos en cosas grandes. Animales y plantas que baten récords levantan pasiones, ya sean ballenas azules, secuoyas o dinosaurios. Sin embargo, nuestro mundo ha pertenecido, pertenece y pertenecerá siempre a los microbios.

A los que hemos crecido cerca del Mediterráneo nos parece normal que la arena del desierto del Sahara cubra de vez en cuando la carrocería de nuestros coches. El Sahara es inmenso y está cerca. Lo que quizá no tengamos tan presente es que esa arena cruza el Atlántico impulsada por el viento e incrementa la productividad primaria en algunas regiones marinas. Un efecto parecido al de los afloramientos de aguas frías y profundas que emergen cargadas de los nutrientes depositados por la gravedad en el fondo de las cuencas oceánicas.

Los componentes microscópicos del fitoplancton, al igual que las bacterias terrestres, necesitan hierro para multiplicarse y cuando les llega por vía aérea es recibido como un auténtico maná. Y no sólo eso: el polvo sahariano llega incluso hasta las selvas lluviosas del Amazonas y contribuye a enriquecer la productividad de aquellos bosques tropicales. Todo está relacionado. La circulación global del clima genera selvas lluviosas en torno al Ecuador y desiertos en latitudes un poco más altas, pues la humedad se queda en los trópicos y el aire llega seco a esas zonas desérticas. Así que los desiertos ayudan a que las selvas crezcan, creando un bucle positivo que se retroalimenta.

Excesos de hierro

Las bacterias sienten predilección por el hierro y eso explica que un clavo oxidado resulte tan peligroso. A los bacilos del tétanos (*Clostridium tetani*) les encanta vivir ahí, pegados a una fuente de hierro en oxidación. Como última curiosidad sobre el hierro, destacaré la foto que ilustra estas páginas, un poste de barbero que sirve para recordarnos el importante papel que tuvieron antaño las sanguijuelas como herramienta de sangrado para aliviar enfermedades. La parte de arriba representa el recipiente donde se guardaban las sanguijuelas y la de abajo alude al cuenco donde se recogía la sangre. Las rayas blancas, rojas y azules imitan los vendajes que se dejaban secar al aire, manchados de sangre arterial o venosa. El poste en sí viene a ser el bastón al que se asían los pacientes para facilitar el flujo de sangre.

Este símbolo medieval nos habla del pasado glorioso de los barberos, que actuaban como cirujanos menores al ser ellos quienes disponían de herramientas afiladas. Pero también nos recuerda que el exceso de hierro es perjudicial para nuestra salud. Para quienes padecen hemocromatosis una buena sangría a tiempo puede ser una bendición, incluso en el avanzado siglo XXI, como vimos un par de capítulos atrás.

Composición de la atmósfera primigenia

Analizar el funcionamiento interno de una planta nos obliga a hacernos muchas preguntas sobre su aparentemente extraña fisiología. De entrada, parece raro que la construcción de los tejidos vegetales dependa de la fijación de dióxido de carbono, un gas que escasea en la atmósfera, a pesar incluso de la quema de bosques y combustibles fósiles que con tanto ahínco practicamos. La explicación de ese extraño fenómeno quizá radique en que ese gas tenía una concentración más alta en la atmósfera primigenia, justo antes de que los ancestros de las cianobacterias inventasen cómo fabricar su cuerpo a partir del aire (1). El resultado de la invención de la fotosíntesis fue un incremento del porcentaje de oxígeno presente en la atmósfera y lo que hemos dado en llamar la Gran Oxidación.

Por otro lado, también resulta sorprendente que las células vegetales no alberguen bacterias simbiontes que emulen a los cloroplastos (también ellas antiguas bacterias de vida libre) pero especializadas en fijar nitrógeno, el gas más abundante en la atmósfera e imprescindible para la síntesis de proteínas y del ADN. Por el contrario, sólo algunas plantas (22 géneros en total, sobre todo leguminosas) cuentan con asociaciones bacterianas externas que forman nódulos en sus raicillas. Estas bacterias mantienen un ambiente anaerobio y son capaces de combinar el inerte nitrógeno (protegido por un enlace triple) con hidrógeno y oxígeno, de modo que las plantas puedan asimilarlo. Lo hacen gracias a una enzima denominada nitrogenasa que se inactiva en presencia de oxígeno.

Todo esto sugiere que el grupo de bacterias y arqueobacterias simbiontes de las plantas deben proceder de los tiempos en los que la atmósfera primigenia era rica en nitrógeno, como ahora, pero carecía de oxígeno. Lo más sorprendente de dicha relación es que las plantas saben qué nódulos de sus raíces están fijando nitrógeno a buen ritmo y cuáles no. A los que se portan bien les dan como recompensa parte de los azúcares sintetizados en la fotosíntesis y un poco de oxígeno para que puedan quemarlos en la respiración y obtener energía. Consiguen así que las bacterias establezcan una relación mutualista con las plantas y no se conviertan en meras parásitas. Para las bacterias esto último sería lo más deseable, pues se ajustaría sin duda a una estrategia evolutiva de mínima energía.

Plantas, bacterias y hongos en comunidad

La asociación con las bacterias no sólo ayuda a las plantas a crecer, sino a colonizar también medios pobres en nitrógeno y a competir con ventaja frente a otras especies que no se han reservado este as en la manga. Me pregunto qué encontrarían en concreto las bacterias en las leguminosas y unas pocas gramíneas. Es posible que sus respectivos sistemas radiculares ya fueran especialmente generosos en la donación de azúcares para granjearse los efectos positivos de las bacterias de vida libre y de ahí que se diese el salto a una relación más estrecha. Las leguminosas también son atractivas para los hongos que establecen relaciones simbióticas con sus raíces (micorrizas) y acaban creando una red de micelios que comunican a las plantas entre sí. De este modo intercambian entre ellas nutrientes, moléculas orgánicas, agua y señales químicas.

Si pensamos en todo lo anterior, resulta difícil seguir llamando individuo a una planta que cuenta con ayuda microbiana de diversos tipos y está conectada en red con otras plantas, sean o no de su misma especie. Considerar su supervivencia y fecundidad como pies individuales empieza a tener poco sentido. Comparar plantas que cuentan o no con tales ayudas nos llevaría al terreno de la selección de especies e incluso de categorías superiores como el género o incluso la familia. Asociarse con microbios puede ser una ventajosa innovación que conduce al éxito o, en caso contrario, al olvido eterno. Desde luego, gracias a sus microscópicos compañeros de viaje, el ser humano ha visto en esas plantas una buena fuente de alimento y por eso las ha extendido por el mundo entero. Detrás de todo ello se esconde la sombra de un mundo microbiano ancestral.

El poste publicitario de los barberos está sorprendentemente relacionado con la biología y la medicina. Tanto su forma como sus colores recuerdan el uso medieval de las sanguijuelas para practicar sangrías y aliviar ciertas enfermedades (Foto: Bibi Santidrián).

Tendiendo puentes

A menudo, las teorías científicas no sólo se adoptan como verdades absolutas, sino que pueden llegar a convertirse en dogmas, equiparables a un postulado religioso. Sin embargo, la historia nos enseña a ser humildes y a mantener la mente abierta: con el paso del tiempo, esas teorías sufren modificaciones o simplemente son sustituidas por otras. Pero no han sido inútiles. Avanzamos subiéndonos a hombros de gigantes y siempre hay algo que rescatar.

Siendo, como soy, inequívocamente darwinista, me satisface comprobar que Lamarck o cualquier otro de los grandes personajes que propusieron teorías evolutivas antes que Darwin, tenían algo de razón. Las ideas de Darwin no surgieron de la nada, sino que se inspiraron necesariamente en lo que otros habían pensado antes, aunque fuera para darle la vuelta al razonamiento. Por eso me parece una postura anticientífica que los defensores acérrimos de Darwin ridiculicen a sus antecesores. Es una lección que aprendí hace tiempo gracias al gran paleontólogo estadounidense Stephen Jay Gould (1941-2002).

También me parece pobre dejar de lado las hipótesis que tratan de explicar o matizar la evolución humana desde otra perspectiva algo distinta a la que hoy admite la ciencia. Aunque sean erróneas en su conjunto, es posible que pueda extraerse de ellas alguna utilidad. Quizá lo más justo sería decir que todas las explicaciones científicas tienen una cuota mayor o menor de verdad, en lugar de considerarlas rotundamente verdaderas o rotundamente falsas. En cualquier caso, no es un buen camino para avanzar hacia el entendimiento mutuo de visiones diferentes, lo cual debería ser una meta deseable por la humanidad y por la ciencia.

¿Un pasado acuático?

Por ejemplo, cuando leo acerca de la llamada "hipótesis del simio acuático" siempre pienso que algunas partes podrían ser incorporadas al paradigma vigente sin demasiados aspavientos. La AAH, así conocida por las siglas en inglés de *Aquatic Ape Hypothesis*, fue propuesta por el académico alemán Max Westenhofer en 1942 y reformulada por Alister Hardy en 1960. A mi entender, la hipótesis se equivoca al suponer que la fase acuática de nuestro linaje, anterior a la radiación de los *Australopithecus*, tuvo lugar en la costa africana, lejos de las selvas. Podría haber ocurrido que las florestas africanas de finales del Mioceno fuesen parecidas a las actuales selvas lluviosas de Borneo, donde habita el mono narigudo (*Nasalis larvatus*), una especie capaz de erguirse sobre sus patas traseras. En tales ambientes hay presiones selectivas que favorecen la postura bípeda, por ejemplo para vadear la selva cuando está inundada. Hace más de 4 millones de años, tal vez los precursores de *Ardipithecus ramidus*, nuestro ancestro forestal y bípedo de las selvas húmedas del Plioceno, habrían sido ya medio bípedos en el Mioceno, no sobre las ramas de los árboles, sino al atravesar el bosque con el agua por la cintura.

Esa influencia acuática del pasado también podría explicar nuestra facilidad para acumular grasa subcutánea, los famosos michelines. Es un rasgo extraño en los primates, pero habitual entre los mamíferos acuáticos o semiacuáticos de pelo corto, como focas, delfines, hipopótamos o tapires, que les ayuda a regular la temperatura corporal. Quizás esa característica fue cooptada (reciclada) más adelante en la sabana con fines distintos a los iniciales, como la acumulación de reservas para hacer frente a los periodos de escasez en un ambiente poco predecible. Es decir, una cosa no excluye a la otra.

Sin embargo, no creo que el enorme desarrollo del cerebro en nuestro linaje tenga nada que ver con esa posible vida semiacuática en las selvas lluviosas. Parece estar más bien ligado al consumo de carne y carroña en la sabana, así como con la reducción de los intestinos en consonancia con tal cambio de dieta.

Adaptados al agua

En cambio, sí parece convincente que esa vida medio acuática favoreciera la pérdida de pelo en todo el cuerpo. Salvo en la cabeza, donde de hecho crece de forma continua para satisfacción de los propietarios de peluquerías. Actualmente no tenemos una explicación para ese rasgo, aparte de la socorrida selección sexual, es decir, que entrara dentro de las preferencias de las hembras, aunque el pelo crece continuamente tanto en hombres como en mujeres. La opción de que las guedejas sirviesen como asidero para las crías en el agua me parece una presión selectiva de peso, sobre todo si se tienen las manos ocupadas en nadar y hay poco pelo al que asirse en el resto del cuerpo.

No es difícil imaginar un pasado acuático cuando comprobamos lo bien que nos defendemos al nadar y bucear. O lo naturales que parecen los partos acuáticos. Incluso nuestros propios bebés han conservado el reflejo de zambullida. Además, el vello de nuestro cuerpo ha adoptado una disposición hidrodinámica y también son sospechosos esos extraños pliegues de piel que tenemos entre los dedos. Parece que en el pasado el agua jugó un papel más importante en nuestras vidas diarias que en la actualidad.

Algo que, curiosamente, no compartimos con el linaje que desembocó en los bonobos y chimpancés. Dos especies, por cierto, que pudieron evolucionar por separado gracias a estar separadas por una gran barrera acuática: el río Congo.

Como bien sabemos, en realidad no hace falta un río tan grande. Basta con poner un foso con agua para que nuestros primos hermanos se circunscriban al espacio que tienen asignado en los zoológicos. Algo impensable para los humanos.

Posibles ancestros

El primate extinto cuyo estilo de vida quizá fuera más compatible con los hábitos acuáticos aquí imaginados sería *Oreopithecus bambolii*. Los restos de este hominoideo, que vivió en el Mioceno, hace unos 8 millones de años, han sido hallados en la Toscana italiana, Cerdeña y África oriental (1). Además de preferir hábitats pantanosos, mostraba ciertas adaptaciones para el bipedismo y tenía los colmillos reducidos, como *Ardipithecus* (2). Sin embargo, aunque *Oreopithecus* suele clasificarse dentro de la familia de los homínidos, se incluye en una rama que se desgajó de nuestro linaje antes de que lo hicieran los orangutanes. Por lo tanto, no parece que fuera el supuesto ancestro semiacuático que buscamos. Pero, ¿quién sabe cuántos fósiles de primates de aquel lejano periodo están esperando a ser descubiertos? ¿O si su incierta posición taxonómica actual es correcta o no?

Sólo el tiempo nos dirá si la hipótesis del antepasado acuático llega a verse apoyada por las evidencias fósiles. De momento, sólo se basa en especulaciones a partir de nuestros rasgos fisiológicos y anatómicos. Tampoco sabemos tanto sobre los primates que vivían hace entre 8 y 6 millones de años como para descartar nada de manera categórica. Me parece una postura más saludable dejar la puerta entreabierta y que el tiempo juzgue.

El valor de la evidencia

No tengo ningún interés en defender la hipótesis del simio acuático. Tan negativa me parece la postura de sus detractores más furibundos como la de sus defensores acérrimos. Solamente me he servido de este ejemplo para demostrar que, cuando hablamos de ciencia, siempre es preferible dejar puertas y ventanas abiertas. En otras palabras, es sano dudar y alejarse de posturas dogmáticas o excluyentes. Como sostenía el propio Gould, conviene dejar que las evidencias manden y sacudirse los modelos mentales establecidos. A pesar de que, por desgracia, suele suceder lo contrario.

Un ejemplo no tan distante, pero sí reciente, es el del gran atleta Usain Bolt. Resulta que el velocista más rápido de la historia corre de manera asimétrica: una de sus piernas pisa con más fuerza en el suelo que la otra. En lugar de plantearse que la asimetría parece ser buena para correr deprisa (evidencia), los expertos en biodinámica especulan con que Bolt podría haber corrido incluso más rápido si alguien le hubiera enseñado a correr simétricamente (modelo mental pre-establecido).

Si siguiéramos aferrados a la idea clásica de que las formas circulares y esféricas son perfectas y por ello las más deseables, jamás habríamos descubierto que la órbita de los planetas alrededor del sol es una impura e indeseable elipse, o que la Tierra misma tiene poco de esférica, incluso sin retirar el agua de los océanos. En definitiva, dejemos que las evidencias hablen por sí mismas y, si van en contra de nuestros modelos, más vale atenderlas y no tratar de encajarlas con calzador en el paradigma vigente. Aunque, claro, aún es peor pretender esconderlas debajo de la alfombra.

Mono narigudo de Borneo (Nasalis larvatus). Las selvas inundadas del Mioceno pudieron ejercer una presión selectiva para que el bipedismo evolucionara antes de que el linaje humano se extendiera por las sabanas africanas (Foto: Shutterstock / Jaiman Taip).

Fauna urbanizada

No somos los únicos habitantes de la biosfera con tendencia al aburguesamiento. El proceso global de urbanización del planeta está llevando a que haya cada vez más habitantes no humanos en las ciudades. De ahí que debamos preguntarnos por los efectos de la vida urbana, ya sean positivos o negativos, sobre la fauna.

Para los animales silvestres, los principales atractivos de una ciudad son la escasez de depredadores y la abundancia de alimento. También ayuda el hecho de que sean islas de calor en los meses fríos, como bien saben las lavanderas blancas que eligen los centros urbanos para instalar sus dormideros comunales. Es lógico pensar que estas condiciones aumenten las probabilidades de supervivencia de diversas especies. Por ejemplo, los petirrojos de los parques de Bélgica han dejado de migrar.

A veces, la cantidad de alimento que ofrece una ciudad puede llegar a ser descomunal. Hay zonas de Sheffield, en Inglaterra, con una densidad de diez comederos por hectárea. Dicho de otra manera: un comedero por cada nueve pájaros que pueden usarlo. En todo el Reino Unido se estima que hay unos doce millones de casas que ofrecen alimento a las aves (1). Los beneficios no sólo se reflejan en términos de supervivencia, sino también en un incremento del éxito reproductor. El número de cajas anidaderas instaladas en ese país de amantes de las aves se cifra en unos 4'7 millones. Una ayuda nada desdeñable cuando escasean los árboles viejos y llenos de orificios con huecos para criar.

Ventajas e inconvenientes

Pero no todo son ventajas. Las avecillas urbanas, sometidas a otras presiones selectivas, ya no temen al ser humano. Es lo que en inglés se denomina conducta *bold* (2). El paquete genético de la conducta *bold* no sólo incluye perder el miedo a las personas, sino también una mayor capacidad de exploración y una mayor agresividad. Por lo tanto, aunque las fuentes artificiales de comida incrementen la fecundidad, también favorecen la mortalidad por conflictos territoriales.

En jerga ecológica, la dinámica de poblaciones de los pajarillos urbanos está mucho más cerca de la Estrategia R que de la Estrategia K. Es decir, basan su éxito en producir una alta descendencia, no en una larga vida de los progenitores. De manera que la conducta *bold*, como potenciadora de la fecundidad, se mantiene en la población con el paso del tiempo, a pesar de cobrarse un precio en términos de supervivencia.

El papel que pueda jugar la reducción de flujo genético en la adaptación de las pequeñas y aisladas poblaciones urbanas de pajarillos no puede descartarse de antemano. Pero probablemente el mecanismo más frecuente que genera cambios en el fenotipo, incluida la conducta, esté más ligado a la actividad de los genes saltarines en el marco de un nuevo medio. A juzgar por la rapidez con la que se reflejan los cambios, las nuevas presiones ambientales que impone la ciudad tienen bases tanto genéticas como epigenéticas.

El medio urbano como trampa ecológica

Aunque las ciudades parezcan con frecuencia un buen destino (3), a veces engañan. Pueden convertirse en un "sumidero atractivo", una trampa ecológica con graves consecuencias negativas para la persistencia a largo plazo de las poblaciones implicadas. Un caso típico es el de las efímeras, gráciles insectos alados que ponen sus huevos en el asfalto porque refleja horizontalmente luz polarizada, al igual que la superficie de un estanque. Un efecto trampa que ya cumplían en su día, de forma natural, los pozos de brea, pero que ahora es mucho más frecuente en carreteras asfaltadas que pasan cerca de ríos y lagos (4).

Los psicólogos han descrito como "efecto halo" nuestra inclinación a considerar fiable a una persona si de entrada nos causa buena impresión. Por ejemplo, las personas físicamente atractivas suelen ser juzgadas como buenas. Pero en el terreno de la biología hay otros efectos halo. Los córvidos suelen estar bien representados en la fauna urbana, al igual que algunas rapaces, y juntos crean un halo alrededor de las ciudades cuando depredan sobre los nidos de otras aves no vinculadas al ambiente urbano. Una inesperada consecuencia: la fauna de las ciudades, al igual que nosotros, explota su entorno rural. Como una laguna con respecto a su cuenca hidrográfica.

Envejecer en la ciudad

Otro ejemplo habitual de los riesgos que la vida urbana depara a los pájaros es que el ruido del tráfico les incita a modificar la frecuencia de sus cantos. De todos modos falta por demostrar que eso se traduzca en algún perjuicio para sus poblaciones, ya sea a través del éxito reproductor o de su tasa de supervivencia. Sin embargo, no solemos reparar en el peligro que conlleva introducir en la naturaleza el peor de nuestros males: el envejecimiento generalizado.

Viejos los ha habido siempre, pero poblaciones llenas de viejos no. Es lo propio de una sociedad con baja tasa de mortalidad a edades tempranas. Si generalizamos la instalación de comederos y los llenamos de comida enriquecida con vitaminas, cabe esperar que aumente la supervivencia de las aves y la duración de sus vidas. La selección natural ha empujado hacia el futuro los efectos negativos del paso del tiempo todo cuanto le ha sido posible, de manera que la mayoría de los animales silvestres mueren sin llegar a manifestar síntomas de envejecimiento. Vivir ahí fuera es difícil y cualquier merma en las capacidades físicas se salda inmediatamente con la muerte. Sin embargo, si las aves consiguen alimento abundante y con poco esfuerzo es fácil que alcancen edades en las que sí se manifiesta el envejecimiento. No sería de extrañar que en nuestros parques y jardines vivieran carboneros y verderones con artrosis.

Este envejecimiento inducido me parece la razón de mayor peso para oponerse al uso masivo de comederos para aves urbanas. Exportar a la biosfera los males de nuestra multitudinaria vejez no es plato de buen gusto. Si los amantes de las aves fuesen conscientes de las implicaciones fisiológicas de sus bienintencionados actos, quizá se lo pensarían dos veces antes de encargar el próximo recambio de comida para el comedero de su jardín.

Futuros urbanos

En cualquier caso, parece que las ventajas pesan más que los inconvenientes. Nuestras ciudades cada vez acogen a más pájaros forestales que antes sólo veíamos en los bosques y, en cambio, escasean los gorriones. No creo que ambos hechos guarden necesariamente una relación directa de causa-efecto. Los gorriones vivieron tiempos gloriosos en el pasado, cuando estaban favorecidos por el mundo rural. Ahora que ese entorno ha venido a menos, y lo poco que queda se intensifica, los gorriones siguen un camino paralelo. Una prueba de que los gorriones citadinos no eran independientes del medio rural en el extrarradio. A medida que la urbanización avance y las ciudades sean más limpias y sostenibles, la barrera que aún las separa del mundo rural se hará más difusa y la fauna silvestre seguirá acercándose al asfalto. Ya hay conejos que crían encantados en los espacios abiertos de los parques urbanos, un medio que empieza a escasear en nuestros montes. Detrás vendrán los linces, como de hecho pasa en las ciudades californianas con los linces rojos (*Lynx rufus*) y los pumas (*Puma concolor*), o en Bombay con los leopardos (*Panthera pardus*). Habrá que volver aprender a convivir con ellos en cercanía.

Fauna urbanizada

El aporte antrópico de alimento a la fauna puede tener derivadas insospechadas (Foto: Shutterstock / Vishnevskiy Vasily).

Una golondrina no hace primavera

El ecologismo como religión natural

En su popular libro Sapiens *(1) Yuval Noah Harari proponía que ahora existen numerosas religiones modernas no teístas, de estructura similar a la de las viejas religiones sin dioses como el budismo. Sería el caso del capitalismo, el liberalismo, el comunismo, los nacionalismos o del humanismo, entre otras. En este ensayo propondré que el ecologismo, un movimiento social con el que yo personalmente he crecido, tiene todos los ingredientes para ser considerado una religión natural.*

Como en el caso de todas las religiones siempre se corre el riesgo de caer en el dogmatismo y en el fundamentalismo. Dado que ésta es una de las debilidades humanas que menos me gustan, creo que es interesante analizar al ecologismo desde el prisma del pensamiento religioso no teísta. Creo que eso nos ayudará a emplearlo sólo con fines positivos, librándonos de los posibles males que nos pudiera acarrear. De hecho en algunos campos, como el de las llamadas especies invasoras, veo al ecologismo metido en un terreno peligrosamente paralelo al de la xenofobia humana. La xenofobia, por mucho que el término nos espante, es un fenómeno natural que se encuentra en la naturaleza y como nosotros no somos distintos a la naturaleza también está presente en nosotros, de manera natural. Ya he puesto alguna vez el ejemplo de las cornejas que se lanzan contra la garza real que cruza su bosque, cuando es una garza foránea que está de paso, pero no lo hacen contra la garza residente en el arroyo del bosque, a la que tienen ya asumida e incorporada como nativa. Xeno a fin de cuentas sólo quiere decir extraño o extranjero. Lo desconocido, lo que viene de fuera, vaya.

Todo parte de varios errores conceptuales del mundo científico. Nada de extrañar. El darwinismo social (que tanto daño hizo) se generó ligado a una incorrecta interpretación del darwinismo por parte de Herbert Spencer, por ejemplo. Las llamadas especies invasoras en realidad no tienen en su biología (al menos por regla general) nada que las haga candidatas a invadir (véase el capítulo 4 de este mismo libro). Es decir, su respuesta invasiva es impredecible y dependiente del contexto. La misma especie en un contexto invadirá y en otro contexto no invadirá. Así que, de entrada, el término "especie invasora" es inapropiado. De hecho da la impresión de que pretenda predisponer al usuario hacia el rechazo, por no decir hacia el odio de la especie en cuestión.

Por otro lado solemos pensar que las especies que vienen de fuera amenazan con desplazar o/y extinguir a las nativas. Esto parte de un concepto erróneo de los nichos ecológicos y de la estructura de las comunidades de animales y plantas. En primer lugar hoy en día se tiende a defender que los nichos ecológicos no se componen sólo de múltiples dimensiones abióticas fijas, sino que el nicho se construye al andar por parte de las propias especies que entran en una comunidad. Por ejemplo, la entrada de una especie crea muchas nuevas oportunidades de competición, depredación o parasitismo (ver capítulo 12). Por tanto es incorrecto decir que las comunidades suelen estar saturadas (2). Ni siquiera las tropicales. Y eso tiene unas repercusiones enormes de cara a interpretar el daño asociado a la llegada de especies alóctonas. Lo más probable es que éstas se puedan insertar en la comunidad sin causar extinciones. Que causen reajustes en el número de individuos es más de esperar, pero conviene recordar que la abundancia de las especies en las comunidades es como una goma que se estira y se encoge a lo largo del tiempo, dependiendo de si las condiciones le son más o menos favorables a cada una de ellas. Normalmente las especies foráneas acaban aumentando la riqueza alfa (riqueza local) de las comunidades en las que se insertan. Es algo parecido a lo que sucede con los restaurantes de comida basura que han llegado a los cascos antiguos de las ciudades europeas. Su llegada no es causa de que los antiguos restaurantes de comida lenta cierren y desaparezcan. Suelen coexistir ambos y cada cual elige dónde ir a comer. Donde más probabilidades hay de que las especies llegadas de fuera causen extinciones de poblaciones o incluso de especies de distribución restringida es en las islas, sobre todo en relación a la pérdida de mecanismos anti-predatorios asociada a muchos animales isleños evolucionados en ausencia de depredadores. De hecho no hay más que hojear un libro de vertebrados extintos (sean aves, mamíferos, reptiles o anfibios) para darse cuenta de que el problema de la extinción por influencia humana en los últimos siglos es básicamente un problema insular.

Por tanto, el posicionamiento por sistema en contra de las especies foráneas tiene mucho de dogmatismo infundado, alimentado por nuestros miedos, instintos y desconfianzas a lo que llega de fuera y nos resulta desconocido. Parece como si lo que ahora llamamos nativo hubiese nacido en el interior de la tierra y hubiese ido a parar directamente a donde ahora lo vemos, cuando en realidad casi todo lo nativo llegó de fuera en algún momento de la historia, incluidos nosotros, la especie invasora *par excellence*. Habitualmente los grupos ecologistas dedican gran parte de sus esfuerzos a hacer campaña en contra de las llamadas especies invasoras. Campañas que, si son analizadas desde la perspectiva religiosa, se parecen mucho a sesiones de adoctrinamiento, donde brilla por su ausencia la visión crítica del asunto. No creo que esa sea la intención, ni que se haga de manera consciente o planificada, pero sale así porque procede del inconsciente.

Lenguaje religioso

Recientemente participé en un debate organizado por alumnos de la Universidade da Coruña sobre un documental en el que se mostraba la historia de Greenpeace. En dos momentos del documental se ve muy bien el comportamiento para-religioso de la ONG. En un caso el principal promotor de la asociación acaba teniendo una pérdida de fe (le podemos llamar duda profunda sobre sus ideales) y deja la dirección de la misma durante un tiempo. Simplemente dejó de creer temporalmente en la importancia de salvar ballenas y crías de foca. En un segundo caso otro de los principales miembros fundacionales abandona la ONG e inicia una campaña de desprestigio de la misma por su política anti alimentos transgénicos. El antiguo miembro de Greenpeace lo considera una línea equivocada argumentando que ciertos cultivos transgénicos son una eficaz vía para reducir el uso de plaguicidas. Tenga o no razón (cuestión que no tengo información para valorar debidamente) el caso es que sus antiguos compañeros lo tildan de "eco-Judas". Éste es un neologismo (un término nuevo y *ad hoc*) con una clara carga religiosa. Nos abandonas y nos traicionas como el apóstol Judas hizo en el marco de la creencia cristiana. Imperdonable. No cuenta aquí la libertad de pensamiento y expresión, el derecho al espíritu crítico, a la duda. La traición existe porque la pertenencia al grupo se basa en compartir una serie de ideales en común. Se basa en una fe, dicho en otras palabras. Puedo entender todo esto (desde la visión del ecologismo como una religión natural más) pero no lo comparto. Y me da pena porque me he sentido orgulloso de considerarme ecologista a lo largo de mi vida, incluyendo esos años claves de la temprana juventud en los que se va gestando el adulto que serás.

Ecologismo y ciencia de la ecología

Para acabar no quiero dejar de hacer mención a la interacción entre la ideología ecologista y la práctica de la ciencia ecológica. Está claro que la razón nunca trabaja sin el concurso de las emociones (3), que el neocórtex y el cerebro emocional cabalgan el uno sobre el otro interaccionando de modo complejo y profundo, pero la actividad científica debe tratar de realizarse lo más libre posible de lo que dicta nuestro cerebro creyente, el mismo que genera realidades inventadas de manera muy conveniente y adaptativa. Observo que es común entre los ecólogos profesionales (que se criaron como yo en el ámbito del ecologismo) no ser capaces de separar sus creencias de su actividad científica. Su ciencia está al servicio de sus ideales lo que lleva al peligroso y conocido sesgo de confirmación (4). No creo que eso sea lo adecuado para hacer buena ciencia. Yo, personalmente, cuando más seguro me he sentido de que algún hallazgo científico que he conseguido hacer tiene visos de ser verdad es cuando éste ha entrado en conflicto con mis creencias (ecologistas). Me ha costado admitir que aquello pudiera ser cierto, a pesar de que mi cerebro creyente pensara de manera opuesta. El raciocinio es una actividad muy costosa y muy poco intuitiva, porque trabaja en contra de fuerzas espontáneas y poderosas de nuestro cerebro. Nuestros resultados algunas veces apoyarán nuestros ideales y entonces todo es muy sencillo. Pero cuando eso no pasa hay que ser valiente para admitirlo.

Es muy fácil convencerse a uno mismo de que hay razones prácticas para esconder esos hallazgos debajo de la alfombra porque pueden ser empleados por los enemigos de nuestros ideales, pero creo que ese es un comportamiento equivocado. Primero porque confía muy poco en el ser humano y segundo porque no hay que temer nunca a las verdades. Las religiones teístas se basan en gran medida en esa idea. Por ejemplo en no reconocer la realidad de la evolución porque el pobre ser humano no está preparado para encajarla y se sentirá sólo y desamparado si acepta su condición de especie animal. También las dictaduras justifican su opresión apelando a ideas similares de falta de confianza en la capacidad del ser humano de usar con libertad el conocimiento. El ecologismo debe huir de la fe incuestionada y del adoctrinamiento con todas sus fuerzas. Para ganar adeptos para su causa basta dar buen ejemplo de trabajo vigilando de cerca que las muchas leyes ambientales que tenemos se apliquen como corresponde. No hay mejor campaña de captación de socios que dar ejemplo de buen trabajo y de libertad de pensamiento. Que las mentes cerradas queden para los demás.

Orugas de la polilla asiática Cydalima perspectalis extraídas de su planta nodriza: el boj (Buxus sempervirens). Los efectos de las especies recién llegadas de fuera pueden ser muy llamativos. Por ejemplo pueden causar la defoliación de las plantas pero no su muerte y menos aún la extinción de la especie. Con el tiempo algún depredador o parásito descubrirá que puede tener en ellas un nuevo recurso y su efecto se reducirá. (Foto del autor).

El fracaso de la educación ambiental

Aunque no suela admitirse, la relación entre esfuerzo invertido y resultados obtenidos ha sido muy poco provechosa en materia de educación ambiental. Muchos profesionales han llegado a jubilarse tras constatar que sólo han conseguido llegar a un puñado de personas de manera efectiva tras mucho esfuerzo invertido. Pero, ¿por qué ha sido así?

Al parecer, no es un problema exclusivo de la educación ambiental española, sino un patrón generalizado que se repite en todo el mundo. Las causas están identificadas. Lamentablemente, unas son más fáciles de atacar que otras, pero hay espacio para mejorar mucho. Veamos cuáles son los principales fallos que los expertos han identificado (1).

El problema no es la falta de información
Saturar a la gente con información, hechos, estadísticas, datos y gráficas no parece ser una buena estrategia. Puede servir para los que ya forman parte de los convencidos, pero no para los demás, que son el objetivo principal. La clave del triunfo no es la cantidad de información, sino saber dar con el modelo mental que emplean las personas a las que nos dirigimos.

La audiencia no comparte tus valores
Saber qué valores comparte el grupo con el que estamos trabajando es fundamental. Conocer sus ideales (y hasta sus inclinaciones políticas) es esencial para crear mensajes a medida y que toquen la fibra sensible. Por ejemplo, las campañas para colectivos conservadores no pueden seguir la misma estrategia que aquellas dirigidas a gente más liberal.

Meter miedo es una mala opción
El movimiento ambientalista ha abusado de los mensajes apocalípticos: plantas y animales que se extinguen, ecosistemas que amenazan con

el colapso, impactos irreversibles para la salud, especies foráneas que vienen a acabar con todo. Esta estrategia genera rechazo social, pues la gente siente que ya no tiene nada que hacer para mejorar las cosas y simplemente tira la toalla porque es demasiado tarde.

Suele ser más efectivo mirar las cosas desde otro prisma, de manera que el receptor sienta que tiene la posibilidad de hacer algo positivo (2). Podrían destacarse rasgos como la resiliencia de los ecosistemas, en lugar de enfatizar la parte más negativa de los cambios. El caso es generar esperanza, el motor de lucha del ser humano, en lugar de hundir a la gente en la depresión. Insistir en los puntos positivos no es mentir ni ocultar información o sesgar las evidencias. Sólo conocer cómo funciona el cerebro humano, siempre ávido de aliento.

Distancia psicológica

Muchas veces el fracaso viene de la mano de la distancia psicológica al problema en cuestión. Lo que pasa en el Ártico o en la Amazonia queda lejos a mucha gente. Los problemas cercanos se entienden mejor. Una buena estrategia es ir de lo cercano a lo lejano, de lo particular a lo general. Si queremos que alguien se interese por la historia de Roma lo mejor es empezar por el pequeño yacimiento romano de nuestra comarca y generar interés. El paso a lo más general y distante llegará solo. Del mismo modo, si nos interesa el calentamiento global, la capa de ozono o la extinción de especies, la mejor manera de resolver estos problemas es fijarse objetivos menos ambiciosos y más cercanos, que preparen la conciencia para asuntos de mayor calado.

Los grandes números no funcionan

Según se desprende de los estudios realizados, la gente parece bastante insensible a los grandes números. No se consiguen mejores resultados cuando usamos los registros más llamativos de atropellos o de temperaturas en aumento. Al contrario, triunfa por goleada el interés social por el salvamento de individuos concretos o grupos familiares. Todos reaccionan mejor cuando pueden personalizar el problema y sentirlo cercano. Aunque el objetivo no sea salvar a un individuo particular, escogerlo como protagonista es un viejo truco cinematográfico que funciona. Desaparecen los anónimos problemas de los indígenas de Brasil, para convertirse en las circunstancias particulares de una persona de carne y hueso, que podría ser incluso nuestro propio hijo. Lo mismo vale para una especie animal. Seguramente algunos relatos protagonizados por nutrias en el Reino Unido han hecho más por su conservación que muchas campañas institucionales (3).

Cambio de conciencia

Los expertos insisten en que la meta final no radica en cambiar la actitud de la gente ante determinados problemas, sino en lograr un auténtico vuelco global de su conducta, un cambio de raíz que tenga consecuencias transversales ante distintos problemas ambientales (1). Ese cambio de conciencia es necesario para que lo que sin él se vive como una pérdida de comodidad o un esfuerzo extra pase a vivirse como una satisfacción o un placer que bien compensa los pequeños sacrificios. Para conseguirlo funciona mejor el refuerzo positivo que el castigo. Ofrecer recompensas es siempre bienvenido. Premiar es mejor que multar. La empatía es una fuerza poderosa en una especie tan social como la nuestra y ha de explotarse, aunque también tenga sus límites. Luchamos contra fuerzas poderosas como la propia estructura de nuestro cerebro. La selección natural nos ha hecho cortoplacistas. Hemos evolucionado pensando en sobrevivir en el presente, que ya era bastante. Civilización tras civilización hemos vivido explotando los recursos locales hasta el agotamiento y después colapsando. Es sólo que ahora no hablamos de los recursos locales sino de los planetarios. De alguna manera habrá que conseguir cambiar el chip mental ante las nuevas dimensiones del problema al que nos enfrentamos. Por ejemplo, debemos aprender a pensar que la solución seguramente deba pasar por el enriquecimiento de los países pobres o empobrecidos por los ricos. Es bien sabido que la riqueza lleva directamente al control poblacional espontáneo. Más riqueza para ellos podría compensarse disminuyendo la nuestra y buscando un punto intermedio de equilibrio. Para llegar a eso hace falta un grado de concienciación muy importante que afecte no sólo a los gobiernos o grandes compañías sino al individuo. Esa es la garantía de que el cambio sea permanente y no sujeto a modas. Puede que estemos pensando en un tipo de ser humano que no existe y que no existirá nunca. Cambiar la naturaleza humana por medio del raciocinio y la cultura no es nuestra especialidad. Pero si queremos evitar el camino de todas las civilizaciones que nos han precedido deberíamos intentarlo al menos.

Con la verdad por delante

Añadiría que es un error ocultar la verdad, pensando que así se alcanzan mejor los objetivos de conservación. En su conjunto, la gente es más inteligente de lo que pensamos. Reconocer que los orangutanes pueden vivir en las plantaciones de aceite de palma y no sólo en las selvas prístinas, no equivale a un cheque en blanco para promocionar la expansión de tales cultivos. Simplemente transmite un mensaje de esperanza al constatar la plasticidad de la especie, su tolerancia y adaptabilidad. El hecho de que las nutrias toleren aguas con cierto grado de contaminación y se alimenten de especies exóticas no significa que puedan contaminarse los cursos fluviales o fomentar la presencia de cangrejos rojos americanos. Al contrario, puede animar a que muchas personas vean que la supervivencia de las nutrias es viable si se trabaja por ellas.

Abusar de las amenazas de extinción se vuelve contra nosotros cuando las predicciones no se cumplen dentro de los plazos previstos, igual que quedan desprestigiados los agoreros que pronostican el final del mundo cada cierto tiempo. A la larga, decir la verdad es siempre la mejor opción. Es preferible tratar a las personas como los adultos que son y no intentar sobreprotegerlas con verdades a medias. Ante todo, hay que recordar que lo que tratamos de transmitir son sensaciones y sentimientos y que la cercanía geográfica y psicológica son los mejores vehículos para alcanzar con éxito esas metas. Por último añadiría que debemos liberarnos del peso que las religiones occidentales han puesto sobre nosotros como

Una golondrina no hace primavera

especie mala y elemento artificial de la naturaleza. Eso ha conseguido exitosamente que no veamos al resto de la naturaleza como un problema propio, que nos afecta de lleno al ser parte de ese todo. Los volcanes no son malvados por lanzar a la atmósfera toneladas de CO_2. Los icebergs no son juzgados como malignos a pesar de que destruyen a su paso enormes superficies de fauna béntica en la Antártida al desplazarse, al estilo de un barco arrastrero de proporciones gigantescas. Sin embargo si lo hacemos nosotros somos execrables. La diferencia sólo estriba en que nosotros no tenemos la capacidad de controlar al volcán pero sí a nosotros mismos y es inteligente hacer lo que uno pueda por garantizar su pervivencia. Pero sin necesidad de colgarnos sambenitos de malvados. Eso no ayuda nada y además es mentira. Las culpas y los pecados son ministerio de otros que han sabido emplearlos hábilmente para tenernos bien atenazados a través de la historia. Así que superémoslo de una vez.

Las nutrias usan este tramo fluvial urbano degradado paisajísticamente. Sin embargo la zona ofrece comida abundante y zonas impenetrables donde poder refugiarse. Esto debería hacernos pensar sobre nuestra manera de ver la naturaleza frente a la manera en la que la ven sus habitantes silvestres (Foto del autor).

Lleno de gente

En la película Dersú Uzala, *filmada por Akira Kurosawa hace más de 40 años, el ejército ruso envía un destacamento a la taiga siberiana donde contactan con un cazador local que les hace de guía. En una escena, el viejo y sabio Dersú recrimina a un soldado por tirar al fuego restos de comida en lugar de dejarlos en el bosque a disposición de los animales. Para Dersú el bosque está lleno de "gente" que los soldados no saben ver ni apreciar.*

Recuerdo aquí esas palabras de Dersú (o de Kurosawa) para reflexionar sobre la visión que el naturalista tiene de la biosfera, de eso que comúnmente llamamos "campo" o "monte", aunque se refiera a un bosque o a un humedal lleno de patos. Creo que los naturalistas nos diferenciamos del resto de los mortales en que somos gente que mantiene especialmente vivo dentro de sí el espíritu salvaje del Paleolítico. Todo el mundo lo conserva en cierta medida, pero nosotros no vivimos en un mundo compuesto exclusivamente por personas. Lo cual no significa que las personas no nos importen, al igual que a un tejón lo que más le importa es otro tejón. Pero lo bueno es que no nos fijamos únicamente en las cosas humanas. Nuestros ojos están siempre acechantes, esperando que los monstruos del fondo marino salten a la superficie. Cuando viajamos vamos haciendo transectos involuntarios de fauna, flora y gea. Los accidentes geomorfológicos llaman más nuestra atención que el último diseño en los faros de un coche. Si podemos, escogemos carreteras secundarias para aumentar las probabilidades de encontrarnos con un corzo, justo lo contrario de lo que desearía cualquier conductor prudente. Encuentro que es una visión absolutamente enriquecedora.

Muchas veces, buceando en el mar, he tenido una sensación de comunión con los peces marinos, pues buena parte de nuestras características anatómicas proceden de ellos. No de esos que hoy vemos sino de peces pulmonados con aletas lobuladas pero, para el caso, nos sirven igual sargos, meros o doncellas. Para cualquier otra persona un pez no pasa de ser una molestia, una curiosidad, una bonita cosa de colores o algo que puede pescarse. Quizá la visión de cazadores y pescadores sea la más parecida a la nuestra, en el sentido de que saben que ahí fuera hay más cosas dignas de atención, aparte de los restantes seres humanos. Pero difiere también de manera sustantiva, ya que no deja de ser una visión antropocéntrica. El cazador (de jabalíes, de setas o de doradas) va al campo a llevarse cosas, sin mayor interés o respeto por ellas que obtenerlas. Nosotros nos llevamos sólo sensaciones y disfrutamos sabiendo que hay otras vidas pululando por las campiñas, buscándose la vida lo mejor que saben y pueden. Eso no quita para que, eventualmente, podamos disfrutar al comernos una perdiz o un conejo, por supuesto. Que seamos holistas y sensibles no implica que seamos gastronómicamente bobos. En el fondo, nuestra actividad tiene mucho de curiosidad infantil retenida y de actitud contemplativa ante la vida.

El gran hermano

Ahora que las cámaras de foto-trampeo son fáciles de adquirir, uno disfruta metiéndose de forma no intrusiva en la intimidad de la vida salvaje. La orilla del embalse, siempre llena de huellas de jabalí, zorro o nutria, de repente cobra vida ante nuestros ojos. Una vida que a lo mejor se despereza a partir de la una de la madrugada. ¡Qué placer tan fantástico poder ver cómo otras bestezuelas salvajes hoyan por donde nosotros pasamos a plena luz del día! Saber que, apenas unas horas después y al abrigo de la oscuridad, huelen nuestros propios rastros. Hace poco, una de ellas me regaló una filmación diurna inesperada. Un gran banco de peces fue detectado por más de doscientos cormoranes grandes. Allá acudieron todos en grupo, nerviosos, excitados, ruidosos, a darse un festín. Lo curioso del asunto es que decenas de garzas reales aprovecharon que el banquete se celebraba cerca de una orilla para venir volando y posarse en las zonas someras de los alrededores, pendientes de que les llegara algún pez espantado por la algarabía de cormoranes. A medida que el bando de cormoranes se desplazaba siguiendo a los peces,

Lleno de gente

las garzas hacían lo propio, emitiendo estentóreos sonidos de excitación. Un gran piscívoro, la garza (normalmente solitario), aprovechando en grupo la superabundancia de un recurso movido por otro gran piscívoro. Un bello ejemplo de comensalismo entre aves del mismo gremio, de cómo reconocer el comportamiento de otra especie y de plasticidad en las estrategias de forrajeo. Los animales no sólo forman comunidades, sino que realmente viven en comunidad, aunque la mayor parte del tiempo los veamos por separado, y es bonito constatarlo tan claramente de vez en cuando. Es en esos momentos cuando nos paramos a pensar qué representa ser una garza, un cormorán o un pez.

Los peces siguen las masas de agua en movimiento: aguas frescas y oxigenadas en verano; aguas cálidas y poco profundas en invierno. Los peces son ectotermos, pero no se retiran de la circulación cuando vienen los fríos. Simplemente, se desplazan. Esos desplazamientos deben de tener una parte más o menos predecible (ritmos, ciclos) y otra estocástica, que complica la vida de sus depredadores. Las nutrias también deben de percibir los cambios estacionales en la actividad de sus presas. Los peces han de ser necesariamente más fáciles de cazar a medida que la temperatura del agua baja y, por lo tanto, más asequibles de madrugada que al atardecer, cuando las truchas se activan y salen a cazar.

Otra bendición del naturalista es que nunca está solo. Todo paseo por el campo se hace en compañía de insectos, de cantos de aves, de huellas de mamíferos, de puestas de anfibios... En inmensa compañía. Además, no es nunca la misma. Incluso aunque los actores no cambien, cada día sucederá algo ligeramente distinto que nos enseñará cosas nuevas o nos dibujará una sonrisa en los labios. Eso es algo que no siempre tenemos garantizado con las personas. Por desgracia, se puede estar solo, completamente solo, entre un millón de desconocidos.

Universalidad y atemporalidad

Además, hay ciertas cosas que son universales. Cuando uno contempla el vuelo de una garceta, aunque sea en un embalse artificial, está viendo a todas las garcetas del mundo. Su vuelo es como el de una garceta que esté sobrevolando ahora mismo un brazo de río en el Amazonas. Así pues, contemplar a los animales en acción es un acto de universalidad. Un viaje mental. El lobo que ahora captura un potrillo o una ternera en el monte no difiere de todos los lobos que han sido, aunque antes la presa fuese una cría de caballo salvaje. La garza que atrapa una carpa exótica en unas salinas domadas no difiere de la garza que se hace con una anguila en un río salvaje de Escandinavia.

A Juan Luis Arsuaga suelen preguntarle cómo era eso de vivir en la prehistoria. A él le gusta contestar que es lo mismo que se siente ahora en un paseo por los montes de Atapuerca o por la sierra de Guadarrama. Y creo que tiene más razón que un santo. Tenemos la suerte de poder sentir las mismas cosas que sentían nuestros antepasados hace decenas de miles de años. A mí me ayuda muchas veces discriminar qué cosas siguen pasando hoy en día, cuáles no han variado en todo ese tiempo. Leer un libro es un acto nuevo. Manejar un teléfono móvil lo es aún más. Pero el vuelo de una avutarda o de una mariposa, o el ronroneo de una nutria comiéndose ávidamente un pescado, son sensaciones atemporales. Valorar esto en su justa medida creo yo que debería constituir un objetivo básico de educación integral. Por mucho que me apetezca leer las obras de todos los autores clásicos, me entristecería más pensar en abandonar algún día este mundo sin haber oído crepitar al hielo en un glaciar, berrear a un ciervo o bucear en un arrecife de coral abarrotado de distintas formas de vida. ¡Pues eso, que somos unos afortunados, por si lo dudabais!

Lleno de gente

Maese raposo captado en primer plano en pleno día por una cámara de foto-trampeo. El zorro es una especie común de cánido que muchas veces pasa inadvertida por sus hábitos tímidos y sus costumbres nocturnas. Las cámaras de foto-trampeo son un aliado del naturalista al mostrarnos, de manera no invasiva, lo "lleno de gente" que está el campo (Fototampeo del autor y de Bibi Santidrián).

Humanland

A veces digo que los naturalistas son seres de la revolución neolítica, que conservan activos más genes del paleolítico que el común de los mortales. El naturalista sueña con la sensación de lo salvaje y lo prístino, de la naturaleza intocada.

Desde luego ni la Península Ibérica, ni Europa entera, es el mejor sitio para encontrarse con la naturaleza inalterada por la mano humana. Yo empecé a interesarme por la biología viendo pájaros en la Albufera de Valencia. A mí me parecía el Amazonas, viviendo en un pueblo agrícola de la huerta valenciana donde lo más salvaje que quedaba era un pequeño afloramiento calizo del Mesozoico, flanqueado por algunos barrancos de aguas claras y también por urbanizaciones de segunda residencia, canteras y polígonos industriales. En la Albufera se podían ver multitud de especies de patos, garzas, limícolas, rapaces y gaviotas. Pronto me di cuenta de que aquel era un sistema fabricado en gran parte por la mano humana. Las gaviotas y las garzas comían en los arrozales, detrás de los tractores de grandes ruedas que removían el fango y los patos entraban de noche a comer a los vedados de caza inundados y cebados por los cazadores de acuáticas. Entonces, siendo mozalbete, me surgió la posibilidad de ir a unas pequeñas islas volcánicas ubicadas frente a la costa de Castellón que reciben el poético nombre de Islas Columbretes, no se sabe muy bien si porque antes tenían culebras o porque era posible columbrarlas (verlas) desde la costa en los días claros, a pesar de estar a 35 millas náuticas de ella. Ir a Columbretes era la oportunidad de encontrarse por fin con un sitio prístino e intocado. Al menos así lo pensaba yo. En los primeros viajes desde luego me lo pareció. Unas masas de basalto, llenas de líquenes amarillos y de colonias de aves marinas (gaviotas, cormoranes, pardelas, paíños, halcones de Eleonora) donde tan sólo de vez en cuando llegaba algún barco. Al cabo de los años algunos compañeros acabaron dilucidando que los horarios de actividad de las gaviotas guardaban estrecha relación con los de las barcas de arrastre que faenaban relativamente cerca de las islas. La cosa llegaba al punto de haber introducido en el archipiélago el calendario humano de la semana de 7 días. Las gaviotas (las de Audouin para más señas) no se molestaban en abandonar su sesteadero durante los fines de semana porque de alguna manera sabían que no había barcos faenando. Así pues, allí, a 70 km de tierra, en medio de un hermoso mar azul marino, también llegaba la mano humana. Más adelante entendimos que la presencia de las gaviotas en aquellos pequeños islotes era consecuencia de la falta de sitios libres en el continente y en cuanto estos se protegieron las gaviotas tardaron poco en instalarse allí y dejar casi desiertas las islas. La influencia de la mano humana no paraba ahí. Los incendios que se hicieron a propósito en la época de la construcción del faro para acabar con las culebras (supuestamente víboras) destrozaron la cubierta vegetal y, lo que es peor, provocaron pérdidas irrecuperables de enormes masas de suelo vegetal acumulado allí durante el millón de años que la isla grande llevaba expuesta fuera de las aguas. También los fareros habían dejado su huella cazando todo lo que por allí se dejaba caer de los cielos buscando un poco de descanso y de comida, en los largos periplos migratorios. Las Columbretes, aunque maravillosas, no eran tampoco el Amazonas. Allí aprendí por primera vez a distinguir una salpa de un sargo, y una doncella de un fadrí. Me rodearon por primera vez las barracudas y escuché historias cercanas de ballenas, atunes, peces espada y delfines. Pero no eran el mundo salvaje, prístino e impoluto, que imaginé.

Más recientemente tuve ocasión de supervisar el trabajo de una estudiante de doctorado que hacía su tesis con los urogallos pirenaicos. Esta vez, pensé, sí me encontraré con la vida salvaje de las cumbres de altas montañas. Para mi sorpresa, una de las principales conclusiones a las que llegamos para explicar el declive de los urogallos en las últimas décadas fue que...había cesado la actividad humana tradicional. Las personas parecían favorecer a los urogallos, a pesar de que también los cazaran. Seguramente no pasaba nada porque los cazaran porque nuestra actividad, abriendo el bosque y eliminando a los depredadores de los gallos salvajes, los hacía medrar lo suficiente como para compensar las pérdidas con creces. El final de la vida rural trajo consigo malos tiempos para esta especie que cría en el suelo. El bosque se cerró y ya era más difícil encontrar alimento en el sotobosque y defenderse de los depredadores que empezaron a recuperarse y prosperar. Paradójicamente, cuando las montañas estuvieron más domesticadas era cuando más gallos y gallinas había. La caza, llevada a cabo en las últimas décadas, en un escenario que ya no permitía una reproducción compensatoria, acabó por asestarle un duro golpe a la especie. Una caza que actuó de manera sinérgica con el abandono del mundo rural, que comenzara allá por los años 60 del siglo pasado. Ahora, por mucho que ya no se les cace no remontan cabeza y las soluciones para impedir que desaparezcan no son sencillas. Si no se quiere perder esta especie en nuestro país hay que intervenir imitando artificialmente lo que antes hacían ejércitos de personas cuya casa y lugar de trabajo era el monte. En definitiva, las cumbres de los Pirineos no eran tampoco el Amazonas salvaje donde la fauna vive ajena a la mano humana.

El golpe final, para comprender que no había escapatoria, vino de la mano de las llamadas *terras pretas*. Las *terras pretas* o tierras negras son un tipo de suelo descubierto en muchos lugares de la Amazonía y que se corresponden con antiguos terrenos de cultivo. Así pues ni la Amazonía estaba libre de la mano humana neolítica. Al parecer grandes extensiones de selva estuvieron cultivadas en el pasado y los bosques que las cubren ahora son bosques secundarios. Entre nosotros, ya he desistido de buscar esa quimera y he asumido, como parte de la edad adulta, que vivimos en un planeta donde nuestra huella es ubicua, desde los mares a las cumbres de las montañas más altas. Recuerdo haberme perdido por rincones de la Sierra de Tramuntana en Mallorca donde uno podría jurar que nunca nadie ha puesto un pie y encontrarme en el lugar más abrupto un resto de muro para aprisco de ganado o para retener un poco de tierra donde cultivar un triste almendro o un olivo. No hay escape y es mejor asumirlo pronto que tarde. Ni el ártico ni la Antártida están libres de nuestra huella. Hasta allí llegan nuestros contaminantes con las corrientes atmosféricas o/y marinas.

En realidad, desde que asumí eso mi vida ésta es más tranquila, menos angustiosa. He acabado por comprender que la actividad humana del pasado está detrás de conductas animales que vemos en el presente y de distribuciones de plantas que son difíciles de justificar atendiendo sólo a factores ecológicos. Hacer ecología en Europa y en la Península Ibérica es en gran medida entender el papel del ser humano dando forma a la fauna y la flora que vemos. Vivimos en un paisaje humano. Si rizamos un poco más el rizo y recordamos que nuestra especie no es más que otra especie animal con un cerebro un poco más complejo en lo tocante al raciocinio, acabaremos por tener poco clara la distinción entre lo que es natural y artificial. Podemos acabar viendo las modificaciones que hace esta especie de primate a la que pertenecemos como igual de naturales que las que pueda causar un ejército de termitas o una manada de elefantes en la sabana. A fin de cuentas no somos una cosa ajena y externa a este planeta y todo lo que fabricamos está compuesto de moléculas, átomos y quarks, como el resto de la materia bariónica en el universo.

Cerrando el círculo, ya para rematar este capítulo, encontré con los años que lo salvaje sí existía y que lo tenía delante de las narices en todas partes. La fauna silvestre con el tiempo, a medida que hemos dejado de perseguirla, nos ha demostrado que no le hace ascos a nuestros ambientes urbanos. Nos han enseñado que si no han entrado antes a nuestras urbes de asfalto y ladrillo no es porque no las consideren sitios con oportunidades sino porque no les dejábamos acercarse. La distinción ciudad/campo cada vez va a ser más artificial en el futuro, a medida que nuestras ciudades reverdezcan llenándose de cubiertas verdes, parques y calles llenas de árboles y huertos urbanos. Lugares libres de pesticidas, con cursos de aguas limpias, con coches eléctricos o de hidrógeno, con muchas bicicletas y con placas solares por todas partes. Todavía nos queda mucho por ver, pero parece que vamos camino de una interesante coexistencia con muchas formas de vida, en la que la búsqueda de lo salvaje simplemente... carecerá de sentido.

Una golondrina no hace primavera

Aunque las golondrinas son viejas habitantes de los núcleos urbanos rurales, buena parte de la fauna silvestre está cada vez más presente en los espacios urbanos de las ciudades y lo estará más a medida que nuestras ciudades vayan evolucionando hacia convertirse en hábitats más saludables (Foto del autor).

Mirando al futuro

En este último capítulo quisiera mirar hacia atrás, para resumir algunos de los temas que he abordado estos años, pero pretendo también mirar hacia adelante proponiendo cuestiones que los naturalistas y los ecólogos del tótem del toro tenemos pendientes para el futuro. Las propuestas tienen sentido sobre todo circunscritas al marco ibérico y europeo y probablemente lo tengan en el futuro para los países ahora empobrecidos.

1. Creo que debemos tratar de evitar con todo nuestro empeño la pobre visión de que todo lo que viene de fuera es sospechoso de ser malo. Esa visión tira de manera importante de nuestros instintos de rechazo a lo desconocido y tiene poco apoyo por parte de la información acumulada (1, 2). En la mayoría de los casos las especies que vienen de fuera no se naturalizan y muchas de las que lo hacen pueden contribuir a aumentar la riqueza local sin causar merma en la diversidad existente. Decir lo contrario es similar a caer en la falacia de que los trabajadores extranjeros vienen a quitarnos el pan o defender que los establecimientos americanos de comida basura han acabado con los restaurantes de cocina mediterránea. Sólo un puñado de especies recién llegadas causan problemas y esos problemas además muchas veces son de índole económica más que biológica. No es posible cerrar las fronteras al tránsito de mercancías y personas, así que tendremos que dedicarnos a abrir nuestras mentes a un mundo rápidamente cambiante, a un nuevo orden mundial. Las especies que triunfan no tienen biologías especiales para la invasión (la clave está en los huecos dejados por los ecosistemas invadidos) y además no hace falta ser exótico para resultar invasor. Algunas especies nativas son buenas invasoras también. Existe la invasión pero no el ser invasor. Cualquiera puede serlo dadas las circunstancias adecuadas. Es nuestra manera y ritmo de cambio de las cosas la responsable de que algunas especies invadan el terreno de otras. También es cierto que esas invasiones no duran eternamente o no pegan siempre con la misma fuerza que en las primeras fases, cuando pillan a

todo el mundo por sorpresa. Nuestros ecosistemas no están saturados de partida (porque los nichos ecológicos se fabrican, no existen *a priori*) por lo que hay hueco para mucho recién llegado y muchas veces las especies nuevas reemplazan funcionalmente a especies extintas y ayudan a que los ecosistemas puedan perpetuarse, aunque la composición de especies haya cambiado.

2. En aquellos casos en los que identifiquemos que una especie está siendo empleada como chivo expiatorio (sean lobos, abejarucos, focas monje o cigüeñas) normalmente habrá un colectivo humano en peligro detrás. La clave para acabar con la persecución de esas especies es mejorar el status de los colectivos humanos que las demonizan. Los pescadores, agricultores, ganaderos o apicultores que tengan problemas económicos, debido a complejos factores de índole socio-político o geo-estratégico, tendrán tendencia a buscar un culpable que esté a mano. El lucro cesante que ejercen esas especies es real pero es sólo la gota que colma el vaso, no la causa principal, pero es más fácil culpabilizarlas que localizar al responsable de Bruselas que ha promovido cierta política. Hemos de reconocer esta debilidad humana y tratarla con inteligencia y no con enfrentamientos o descalificaciones que nunca llevan a nada bueno, sino más bien a empeorar las cosas. Un dogmatismo no se cura con otro, sino con mano izquierda y astucia.

3. Los ecosistemas emergentes o noveles cada vez van a cobrar más peso en el conjunto de la biosfera. Lo mejor que nos puede pasar es que las especies demuestren ser muy plásticas y que sean adaptables a esos nuevos medios (3). En muchos casos eso es lo que sucede y debemos acostumbrarnos a convivir con esos medios. A fin de cuentas, todos los demás (los que llamamos "salvajes") también tienen la mano humana detrás en mayor o menor grado, aunque no lo queramos ver.

4. Las especies de espacios abiertos y de pequeño tamaño son las perdedoras de nuestro tiempo. Se vieron beneficiadas cuando se talaron los bosques y cuando las especies grandes eran escasas. Ahora que se expande la superficie forestal y que las antaño amenazadas especies grandes se recuperan, las pequeñas lo tienen difícil. Habrá que garantizar su persistencia, aunque sea con cifras mucho menores que las que

tuvieron. La gran tragedia de nuestro tiempo es la pérdida de millones de insectos, de millones de fringílidos y aláudidos, de millones de tórtolas y codornices. Ahora es el tiempo de los páridos y los pícidos, de los tejones, las martas y las garduñas, de los azores, los jabalíes y los corzos.

5. La fauna nos pierde el miedo y cada vez estará más cerca de los respetuosos urbanitas del siglo XXI. Cada vez será menos patente la frontera entre lo urbano y lo salvaje. Eso nos permitirá disfrutar de la fauna de manera más cercana pero también nos traerá nuevos desafíos de convivencia que no hemos visto en siglos.

6. Tenemos la oportunidad de convertir este país nuestro en el país de la reconciliación ecológica, dentro del marco europeo (4). El reciente atraso económico, junto al lejano efecto de las glaciaciones, han hecho de Iberia un refugio de fauna silvestre que ahora comienza a valorarse en su justa medida por el conjunto de la sociedad. Ahora que se recuperan osos, linces, buitres y grandes águilas, delfines y ballenas, cada vez tendrá más tirón el turismo de naturaleza que se puede convertir en una importante fuente de empleo verde. La fauna además podrá contemplarse con facilidad en el entorno de ciudades y pueblos reconvertidos al pastoreo de la biodiversidad, como ya pasa en los que han adoptado a los osos como emblema.

7. En el plano científico debemos abrir nuestras mentes a los emergentes mecanismos de la evolución biológica y fusionar estas visiones con la ecología. Es buen síntoma que a buena parte de los naturalistas les parezca positivo que los lobos italianos puedan llegar a cruzarse con los ibéricos, mirando por el bien de la especie por encima de la preservación de los morfos a menudo encumbrados bajo el apelativo de "subespecie", como si éstas fueran garantía de nuevas especies en el futuro, en lugar de anécdotas biodiversas de la deriva genética. De hecho, el modelo neodarwinista, de lenta acumulación de pequeños cambios, como mecanismo de la especiación, cada vez está más desbancado a favor del papel primordial de los genes saltarines, la epigenética, la activación de secuencias reguladoras, la poliploidía, la hibridación o la evo-devo como mecanismos de cambio relativamente rápido. La ecología podrá salir de su actual atasco de progreso conceptual si se deja invadir por toda esta

panoplia de revoluciones en el pensamiento evolutivo y si en general hibrida ella misma con otras ciencias. Por otro lado, habría que revertir la tendencia actual que trata de alejar a la ciencia de la ecología del empirismo y del contacto directo con la naturaleza (5). En parte esto nos llevaría también a prestar más atención a verificar o validar los resultados proporcionados por los modelos predictivos de cambio global. Unos resultados por regla general bastante apocalípticos que anuncian un fin del mundo que afortunadamente se empeña en no llegar.

8. Los mapas del futuro no sólo nos contarán dónde están las especies ahora sino dónde van a estar, no ya sólo por las previsiones del calentamiento global sino por las previsiones del abandono de los refugios históricos en los que se encontraba confinada la fauna debido a la persecución humana. Necesitamos mapas de adecuación del hábitat en los que se dibuje la probabilidad de acoger a una u otra especie en lugares donde actualmente no están (lugares actualmente no protegidos), no porque los sitios sean malos sino porque no ha sido posible llegar hasta ellos hasta ahora.

9. No hemos de temer reconocer que la naturaleza no funcione como nosotros imaginamos que debiera comportarse, sino de una manera mucho más resistente y resiliente. Conservar la naturaleza no pasa por ocultar su flexibilidad. Son buenas noticias que los pingüinos sean capaces de criar sobre una isla de plástico, que los lobos sobrevivan con la basura de los vertederos, que las golondrinas dáuricas vean en los viaductos unos acantilados inexpugnables, que las águilas perdiceras o imperiales puedan criar sobre eucaliptos, o que los cernícalos primillas cacen de noche a la luz de los focos que atraen a los insectos nocturnos en la Giralda hispalense, como hacen también los vencejos reales bajo las luces de la Acrópolis ateniense. Desde luego no son buenas noticias que haya islas de plástico o vertederos incontrolados o que el paisaje se eucaliptice sin orden ni concierto, pero la capacidad de la fauna salvaje para usar esos ambientes generados por nuestra actividad es garantía de su persistencia a largo plazo, mientras conseguimos vivir de una manera más adecuada, sostenible y solidaria. Las especies que ahora vemos proceden del tiempo profundo y han pasado por mil avatares selectivos

Mirando al futuro

que las han hecho ser mucho más duras de pelar de lo que parece a primera vista.

10. En general el camino de nuestro avance como seres humanos pasa por conocernos mejor (6). Por conocer mejor la naturaleza humana. Por identificar nuestras debilidades y vulnerabilidades. Saber quiénes fuimos y quienes somos: versiones domesticadas del *Homo sapiens* que sin embargo conservan muchas características del humano paleolítico en plena modernidad. Y sobre todo pasa por conocer mejor nuestro cerebro, pues toda nuestra "realidad" se genera allí.

El día que vea llegar a los lobos desde el oeste peninsular hasta las tierras mediterráneas del este me podré morir tranquilo. Ahora tratan sin cesar de abandonar sus refugios históricos, pero seguimos impidiéndolo. Cambiar eso requiere astucia, visión de futuro y voluntad por hacer de este país la tierra de la reconciliación ecológica. Todo menos confrontación con los ganaderos que son en realidad nuestros aliados. (Foto-trampeo de Bibi Santidrián Tomillo y Alejandro Martínez Abraín).

EPÍLOGO

A lo largo de 30 capítulos, al igual que hiciera en los 50 capítulos de *El Detective Ecológico* y en los también 30 de *El Lenguaje de la biosfera*, he tratado de desarrollar en *Una golondrina no hace primavera* mis actuales obsesiones en lo tocante al papel del ser humano en la biosfera, el atasque de la ciencia de la ecología, los dogmas de la conservación y la cambiante visión de los mecanismos de la evolución biológica. Lo que has leído es mi visión personal de estos asuntos después de leer y reflexionar yo mismo mucho. Esa visión no sale de la nada. La ciencia de la evolución se encuentra ya de pleno en un periodo de profundo avance al encontrarse nuevos mecanismos de cambio que, lejos de contradecir a Darwin, le dan la razón y lo enriquecen. La ciencia de la conservación está empezando tímidamente un cambio que tardará aún en hacerse realidad. En uno de los libros anteriores de la trilogía escribí un capítulo titulado *La regla del veinte*, porque esos son los años que suelen pasar para que un cambio que ahora comienza se haga realidad. La conservación es una ciencia un tanto especial porque nació, a mediados de los años 80 del siglo XX, ligada a unos principios fundacionales de tipo ético. Eso es inusual para la ciencia desde luego y es una fuente del llamado "sesgo de confirmación" por el cual favorecemos los resultados que coinciden con nuestros ideales y escondemos los que los contradicen. Todo esto normalmente de manera inconsciente. El primer paso para corregir un error es ser consciente del mismo. Creo que ahora estamos empezando a ver que no hemos sido libres a la hora de hacer ciencia de la conservación porque el peso del sesgo de confirmación ha sido tremendo. Por lo que respecta a la ecología, no estoy solo denunciando que atravesamos un periodo de poco progreso conceptual. Casi todo lo que enseñamos en las aulas de las universidades a los alumnos del grado de biología procede de autores que formularon sus propuestas en los años 50 del siglo pasado, si no antes. Una situación muy distinta a la que vive la ciencia de la evolución biológica hoy en día con su estudio de la herencia epigenética, los genes saltarines, los mecanismos evo-devo de interacción entre el desarrollo embrionario y la evolución, el papel de crisol de la hibridación o la activación/ desactivación de secuencias reguladoras de la actividad de otros genes. La ecología está experimentando un peligroso alejamiento de la naturaleza. Los estudios ligados a la historia natural están siendo desprestigiados y esa desconexión con la realidad nos lleva a hacer ciencia virtual. Diversos autores están denunciando ya este problema (me remito al prólogo de este libro) y es de esperar que se corrija aunque sea lentamente. Desde luego lo que yo veo en las aulas es una proporción muy baja de estudiantes interesados en salir al campo y curiosamente la gente que sí se interesa por el campo no está en las aulas de las universidades. En cuanto al papel del ser humano en la biosfera he insistido bastante en este libro en la necesidad de conocernos a nosotros mismos antes que nada. Nacemos, crecemos y morimos sin llegar a conocernos. Sin saber de dónde vienen nuestras necesidades y preferencias, nuestros impulsos, vulnerabilidades y deseos más profundos. Además hemos aprendido a vivir soportando culpas y pecados que nos colocan al margen de la naturaleza en lugar de dentro de ella. Decía el maestro D. Ramón Margalef que el programa MAB *Man and the biosphere* de la UNESCO haría bien en llamarse MIB *Man in the biosphere* porque biosfera y ser humano no son cosas desligadas. ¡Y cuánta razón tenía! La actividad humana a través de los siglos y de los milenios ha dado forma a la composición de la fauna que ha llegado hasta nuestros días. Las especies euroasiáticas que no pudieron soportar nuestras modificaciones del entorno hace mucho tiempo que se extinguieron y aquellas para las que nuestra actividad resultó neutra o beneficiosa son las que han llegado hasta aquí. Ni somos ángeles ni somos demonios, en nuestra relación con la naturaleza. Nuestros actos tienen consecuencias, negativas para unas especies, positivas para otras. Ambas son igual de importantes. El caso es que nunca puede llover a gusto de todos. Ahora estamos viviendo las consecuencias acumuladas del abandono casi completo del

Epílogo

mundo rural de los últimos 60-70 años, por ejemplo. Las especies de espacios abiertos pierden terreno frente a las forestales, a medida que la superficie forestal reconquista los antiguos terrenos cultivados. Las especies pequeñas vienen a menos a medida que las grandes (antaño escasas por perseguidas) se recuperan. Muchas especies que creíamos especializadas en determinados ambientes nos demuestran a las claras que estaban en esos hábitats debido a la persecución humana y no por elección propia. Ahora las vemos salirse de esos refugios y ocupar lugares donde nunca hubiéramos pensado que podrían vivir. Muchas especies además se acercan a los medios urbanos donde no son perseguidas, abunda el alimento y escasean los depredadores. El mundo del revés. Somos afortunados de estar viviendo ese cambio porque estamos descubriendo que nuestra visión de la fauna y la flora estaba absolutamente sesgada por el factor humano. Siempre digo, que si me hubiera ido a la tumba en 1989, me hubiera ido de este mundo con una idea totalmente equivocada de lo que es una nutria en realidad. Los bienintencionados programas de Rodríguez de la Fuente son buen reflejo histórico de una fauna refugiada y miedosa. A medida que ahora salen de sus refugios los grandes herbívoros y los grandes carnívoros no sólo ocupan "nuevos" ambientes (nuevos para nosotros) sino que se nos acercan sin miedo. La selección milenaria a favor de los individuos con miedo se está acabando (el cambio hacia la pérdida de miedo es muy asimétrico y se produce muy rápido) y las poblaciones recuperan individuos atrevidos, confiados y con afán explorador. Todo eso está trayendo un nuevo paradigma, un nuevo modelo de coexistencia con la fauna salvaje en un marco de reconciliación que conlleva nuevos desafíos y nuevas realidades. Tendremos que aprender a convivir con ellas. El futuro por tanto se presenta interesante y sobre todo diferente a lo hasta ahora vivido y conocido. Espero que este libro te haya resultado una buena vía de entrada a ese apasionante futuro y haya llenado de ilusión tu mente.

BIBLIOGRAFÍA

Capítulo 1. *Pax Romana*: la salida del refugio.
(1) **Martínez-Abraín, A.** (2016). *¿Refugiados o adoptados?* Quercus, 362: 6-8.
(2) **Martínez-Abraín, A.** (2017). *¿Espacios protegidos o no?* Quercus, 379: 6-7.
(3) **Jiménez, J.** (2016). *El ocaso del oso en Castilla y Aragón.* Quercus, 370: 26-34.
(4) **Urios, G. y Martínez-Abraín, A.** (2006). The study of nest-site preferences in Eleonora's falcon Falco eleonorae through digital terrain models on a western Mediterranean Island. Journal of Ornithology, 147: 13-23.
(5) **Carlota Viada,** comunicación personal.
(6) **González, L.M. y otros autores** (2008). Status and habitat changes in the endangered Spanish Imperial Eagle (Aquila adalberti) population during 1974-2004: implications for its recovery. Bird Conservation International, 18: 242-259.
(7) **Rojo, L.I. y otros autores (2013).** Colonización por el águila imperial ibérica (Aquila adalberti Brehm) de montes intensamente gestionados en la provincia de Valladolid. En Sexto Congreso Forestal Español, Vitoria-Gasteiz 10-14 junio 2013. Sociedad Española de Ciencias Forestales. Palencia.
(8) **Horváth, M. y otros autores (2014).** Simultaneous effect of habitat and age on reproductive success of Imperial Eagles (Aquila heliaca) in Hungary. Ornis Hungarica, 22: 57-68.
(9) **Martínez-Abraín, A. y Jiménez, J.** (2016). Anthropogenic areas as incidental substitutes for original habitat. Conservation Biology, (doi:10.1111/cobi.12644).

Capítulo 2. Ríos de vida
(1) **Cuenca, G. y Morcillo, A.** (2016). *Fósiles de castor europeo en el Cuaternario de la península Ibérica.* Quercus, 369: 52-55.
(2) **Dawkins, R.** (2009). *El cuento del antepasado: un viaje a los albores de la evolución.* Antoni Bosch. Barcelona.

Capítulo 3. Espacios ¿protegidos o no?
(1) **Martínez-Abraín, A. y Jiménez, J.** (2016). Anthropogenic areas as incidental substitutes for original habitat. Conservation Biology, 30: 593-598.
(2) **Galán, P.** (2016). *Monitorización de la herpetofauna en el Parque Natural do Complexo Dunar de Corrubedo e Lagoas de Carregal e Vixán (Ribeira - A Coruña).* Dirección General de Conservación de la Naturaleza. Xunta de Galicia. Informe inédito.
(3) **Oro, D.; Jiménez, J. y Curcó, A.** (2012). Some clouds have a silver lining: paradoxes of anthropogenic perturbations from study-cases on long-lived social birds. PLoS ONE, 7 (8): e42753. doi:10.1371/journal.pone.0042753.

Capítulo 4. De profesión ¿invasora?
(1) **Thompson, K.** (2014). *¿De dónde son los camellos? Creencias y verdades sobre las especies invasoras.* Alianza Editorial. Madrid.
(2) **Rummel, L. y otros autores (2106).** Use of wild-caught individuals as a key factor for success in vertebrate translocations. Animal Biodiversity and Conservation, 39: 207-219.
(3) **Carrete, M. y Tella, J.L.** (2008). Wild-bird trade an exotic invasions: a new link of conservation concern? Frontiers in Ecology and the Environment, 6: 207-211.
(4) **Davis, M.A. y otros autores (2011).** Don't judge species on their origins. Nature, 474: 153-154.
(5) **Marris, E.** (2013). *Rambunctious Garden: saving nature in a Post Wild World.* Bloomsbury Publishing PLC. London.
(6) **Martínez-Abraín, A. y Oro, D.** (2013). Preventing the development of dogmatic approaches in conservation biology: a review. Biological Conservation, 159: 539-547.

Capítulo 5. Chivos expiatorios
(1) **Martínez-Abraín, A. (2013).** *Todo para mí.* Quercus, 328: 6-7.
(2) **Martínez-Abraín, A. (2008).** *Las apariencias engañan.* Quercus, 268: 6-7.
(3) **Herrera, C. (2007).** *Cada problema complejo tiene siempre una solución sencilla, que generalmente es errónea.* Quercus, 251: 10-11.
(4) **Martínez-Abraín, A. (2012).** *La intuición derrotada.* Quercus, 320: 6-8.

Capítulo 6. Pensamiento metapop.
(1) **Munilla, I.: Díez, C. y Velando, A. (2007).** *Are edge bird populations doomed to extinction? A retrospective analysis of the common guillemot collapse in Iberia.* Biological Conservation, 137: 359-371.
(2) **Martínez-Abraín, A. (2015).** *Are edge bird populations doomed to extinction? A response to Munilla et al.* Biological Conservation, 191: 843-844.
(3) **Tait, W. C. (1887).** *On the birds of Portugal.* Ibis 5: 372-400.
(4) **Munilla, I. y Velando, A. (2015).** *The Iberian guillemot population crash: a plea for action at the margins.* Biological Conservation, 191: 842.

Capítulo 7. Manual de malas prácticas en conservación.
(1) **Martínez-Abraín y otros autores. (2004).** *Unforeseen effects of ecosystem restoration on yellow-legged gulls in a small western Mediterranean island.* Environmental Conservation 31: 219-224.
(2) **Steigerwald, E.C. y otros autores. (2015).** *Effects of decreased anthropogenic food availability on an opportunistic gull: evidence for a size-mediated response in breeding females.* Ibis 157: 439-448.
(3) **Arcos, J.M. y Oro, D. (2002).** *Significance of fisheries discards for a threatened Mediterranean seabird, the Balearic shearwater Puffinus mauretanicus.* Marine Ecology Progress Series 239: 209-220.
(4) **Schmid, B. y otros autores. (2015).** *Climate-driven introduction of the Black Death and successive plague reintroductions into Europe.* Proceedings of the National Academy of Sciences 112: 3020-3025.

Capítulo 9. Compensa o no compensa.
(1) **Martínez-Abraín, A. y otros autores (2006).** *Sex-specific mortality of European shags after the Prestige oil spill: demographic implications for the recovery of colonies.* Marine Ecology Progress Series, 318: 271-276.
(2) **Martínez-Abraín, A. y otros autores (2016).** *Differential waterbird population dynamics after long-term protection: the influence of diet and habitat type.* Ardeola, 63: 79-101.
(3) **Estes, J.A. y Tinker, M.T. (2018).** *Rehabilitating sea otters: feeling good versus being effective.* Páginas 128-134 en Kareiva et al. (Eds): "Effective conservation science: data not dogma", Oxford University Press, New York.

Capítulo 10. Depredar ¿sinónimo de regular?
(1) **Gese, E.M. y Knowlton, F.F. (2001).** *The role of predation in wildlife population dynamics.* En *The role of predator control as a tool in game management,* 7-25. T.F. Ginnet y S.E. Henke (eds.). Texas Agricultural Research and Extension Center. San Angelo (Texas).
(2) **Soria-Díaz, L. y otros autores (2018).** *Functional responses of cougars (Puma concolor) in a multiple prey-species system.* **Integrative Zoology, 13:** 84-93.
(3) **Payo-Payo, A. y otros autores (2018).** *Predator arrival elicits differential dispersal, change in age structure and reproductive performance in a prey population.* Scientific Reports, 8: 1971 (disponible en Doi: 10.1038/s41598-018-20333-0).
(4) **Genovart, M. y otros autores (2010).** *The young, the weak and the sick: evidence of natural*

selection by predation. PLoS ONE, 5: e9774 (disponible en Doi: 10.1371/journal/pone.0009774).
(5) Martínez-Abraín, A. (2013). *El reclamo de la curruca.* Quercus, 329: 6-7.

Capítulo 11. Geo-bio revisitado.
(1) Lane, N. (2011). *Los diez grandes inventos de la evolución.* Ariel. Barcelona.

Capítulo 12. Sobre el nicho ecológico.
(1) Janzen D. (1985). *On ecological fitting.* Oikos, 45: 308-310.
(2) May, R. y McLean, A. (2007). *Theoretical ecology: principles and applications.* Oxford University Press. Oxford.
(3) Hubbell, S.P. (2001). *The unified neutral theory of biodiversity and biogeography.* Princeton University Press. Princeton.
(4) Martínez-Abraín, A. y Oro, D. (2013). *Preventing the development of dogmatic approaches in conservation biology: a review.* Biological Conservation, 159: 539-547.

Capítulo 13. Tramposos.
(1) Avilés, J.M. y otros autores (2006). *Rapid increase in cuckoo egg matching in a recently parasitized reed warbler population.* Journal of Evolutionary Biology, 19: 1.901-1.910.
(2) **Canestrari, D. y otros autores (2014).** *From parasitism to mutualism: unexpected interactions between a cuckoo and its host.* Science, 343: 1.350-1.352.
(3) Antonov, A. y otros autores (2008). *Does the cuckoo benefit from laying unusually strong eggs?* Animal Behaviour, 76: 1.893-1.900.
(4) Soler, M. y otros autores (1995). *Magpie host manipulation by great spotted cuckoos: Evidence for an avian mafia?* Evolution, 49: 770-775.

Capítulo 14. ¿A quién avisa el avisador?
(1) Waal, F. B.M. (2008). *Putting the altruism back into the altruism: the evolution of empathy.* Annu. Rev. Psychol., 59: 279-300.
(2) Griesser, M. (2008). *Referential calls signal predator behaviour in a group-living bird species.* Current Biology, 18: 69-73.
(3) Magrath, R.D. y otros autores (2015). *Wild birds learn to eavesdrop on heterospecific alarm calls.* Current Biology, 25: 2.047-2.050.
(4) Murray, T.G. y Magrath, R.D. (2015). *Does signal deterioration compromise eavesdropping on other species' alarm calls?* Animal Behaviour, 108: 33-41.
(5) Bengston, S.E. y Dornhaus, A. (2014). *Be meek or be bold? A colony-level behavioural syndrome in ants.* Proceedings of the Royal Society B. Disponible en DOI: 10.1098/rspb.2014.0518.

Capítulo 16. Desde Darwin.
(1) Martínez-Abraín, A. (2010). *Las vitrinas del museo.* Quercus, 298: 6-8.
(2) Martínez-Abraín, A. (2015). *Diente de gallina, cola de persona.* Quercus, 353: 6-7.
(3) Gould, S.J. y Vrba, E.S. (1982). *Exaptation: a missing term in the science of form.* Paleobiology, 8: 4-15.
(4) Martínez-Abraín, A. (2015). *Stoch-aptation: a new term in evolutionary biology and paleontology.* Ideas in Ecology and Evolution, 8: 42-45.
(5) De Waal F. (2014). *El bonobo y los diez mandamientos.* Tusquest editores, Barcelona.

Capítulo 17. Evolución *pinball*.
(1) Moalem, S. (2007). *Survival of the sickest: the surprising connections between disease and longevity.* Harper Collins Publishers. New York.
(2) Van't Hof, A.E. y otros autores. (2016). *The industrial melanism mutation in British peppered*

moths is a transposable element. Nature 534: 102-107.
(3) **Stapley, J. y otros autores.** (2015). *Transposable elements as agents of rapid adaptation may explain the genetic paradox of invasive species.* Molecular Ecology 24: 2241-2252.
(4) **Cooney, C.R. y otros autores (2017).** *Mega-evolutionary dynamics of the adaptive radiation in birds.* Nature. DOI: 10.1038/nature21074.
(5) **Rey, O. y otros autores.** (2016). *Adaptation to global change: a transposable element-epigenetics perspective.* Trends in Ecology and Evolution 31:514-526.
(6) **Belyayev, A.** (2014). *Bursts of transposable elements as an evolutionary driving forcé.* Journal of Evolutionary Biology 27: 2573-2584.

Capítulo 19. El tercer ojo.
(1) **Benoit, J. y otros autores (2016).** *The sixth sense in mammalian forerunners: variability of the parietal foramen and the evolution of the pineal eye in South African Permo-Triassic eutheriodont therapsids.* Acta Paleontologica Polonica, 61: 777-789.

Capítulo 20. ¿El estigma de la biosfera?
(1) **Quinn, D.** (1992). *Ishmael: an adventure of the mind and spirit.* Bantam Books. New York.
(2) **Harari, Y.N.** (2014). *Sapiens: a brief history of human kind.* Harvill Secker. London.
(3) **Rosas, A.** (2010). *Los Neandertales.* CSIC-Catarata. Madrid.
(4) **Stringer, B.C. y otros autores** (2016). *Neanderthal exploitation of marine mammals in Gibraltar.* Proceedings of the National Academy of Sciences, 105: 14.319-14.324.
(5) **Ganopolsky, A. y otros autores (2016).** *Critical insolation-CO2 relation for diagnosing past and future glacial inception.* Nature, 529: 200-203.
(6) **De Waal, F.** (2013). *El bonobo y los diez mandamientos: en busca de la ética entre los primates.* Tusquets. Barcelona.
(7) **De Waal, F.** (2011). *La edad de la empatía. ¿Somos altruistas por naturaleza?* Tusquets. Barcelona.
(8) **Rosas, A.** *Los primeros homínidos.* CSIC-Catarata, Madrid.

Capítulo 21. Desacoplados.
(1) **Campillo Álvarez, J.E.** (2010). *Teoría de la evolución en la obesidad y la diabetes.* En Teoría de la evolución en medicina, 67-81. J. Sanjuán (ed.). Editorial Médica Panamericana. Buenos Aires.
(2) **Moalem, S y Prince, J.** (2007). *La ley del más débil.* Ariel.
(3) **Merino, S.** (2013). *Diseñados por la enfermedad: el papel del parasitismo en la evolución de los seres vivos.* Editorial Síntesis. Madrid.

Capítulo 22. Anthrôpos.
(1) **De Waal, F.** (2001). *The ape and the sushi master: cultural reflections of a primatologist.* Basic Books. New York.
(2) **Heezik, Y. y otros autores (1999).** *Helping reintroduced houbara bustards avoid predation: effective anti-predator training and the predictive value of pre-released behaviour.* Animal Conservation, 2: 155-163.
(3) **Lorenz, K.** (1993). *El anillo del rey salomón: hablaba con las bestias, los peces y los pájaros.* Labor. Barcelona.

Capítulo 23. Pequeños mundos.
(1) **Martínez-Abraín, A.** (2014). *Cómo crear materia viva a partir de la nada.* Quercus, 339: 6-8.

Capítulo 24. Tendiendo puentes.
(1) **Rosas, A.** (2016). *La evolución del género Homo.* CSIC y Libros de la Catarata. Madrid.

Bibliografía

(2) **Rosas, A.** (2015). *Los primeros homininos: paleontología humana.* CSIC y Libros de la Catarata. Madrid.

Capítulo 25. Fauna urbanizada.
(1) **Shanahan, D.F. y otros autores** (2014). *The challenges of urban living.* En Avian urban ecology, 3-20. D. Gil, y H. Brumm (eds.). Oxford University Press. Oxford.
(2) **Riyahi, S. y otros autores** (2015). *Combined epigenetic and intraspecific variation of the DRD4 and SERT genes influence novelty seeking behavior in great tit Parus major.* Epigenetics, 10: 516-525.
(3) **Leston, L.F.V. y Rodewwald, A.D.** (2006). *Are urban forests ecological traps for understory birds? An examination using Northern cardinals.* Biological Conservation, 131: 566-574.
(4) **Kriska, G. y otros autores** (1998). *Why do mayflies lay their eggs en masse on dry asphalt roads? Water-imitating polarized light reflected from asphalt attracts Ephemeroptera.* Journal of Experimental Biology, 15: 2.273-2.286.

Capítulo 26. El ecologismo como religión natural.
(1) **Harari, Y. H.** (2011). *Sapiens: a brief history of humankind.* Harvill Secker, London.
(2) **Martínez-Abraín, A.** (2015). *Estoy saturado.* Quercus 358: 6-7.
(3) **Damasio, A.** 2010). *Y el cerebro creó al hombre: ¿cómo pudo el cerebro generar emociones, sentimientos, ideas y el yo?* Destino, Barcelona.
(4) **Silliman, B. y Wear, S.** (2018). *Conservation bias: what have we learned?* En: Effective conservation science: data not dogma. Peter Kareiva, Michelle Marvier y Brian Silliman (Eds). Oxford University Press, New York.

Capítulo 27. El fracaso de la educación ambiental.
(1) **Masuda, Y.J.** (2018). *Science communication is receiving a lot of attention, but there's room to improve.* En Effective conservation: data not dogma, 115-120. P. Kareiva y otros editores. Oxford University Press. New York.
(2) **Knowlton, N.** (2017). *Doom and gloom won't save the world.* Nature, 544: 271. Disponible en DOI:10.1038/544271.
(3) **Williamson, H.** (1927). *Tarka the otter.* Penguin Books. Harmondsworth (UK).

Capítulo 30. Mirando al futuro.
(1) **Kareiva, P., Marvier, M. y Silliman, B.** (2018). *Effective conservation science: data not dogma.* Oxford University Press, New York.
(2) **Martínez-Abraín, A. y Oro, D.** (2013). *Preventing the development of dogmatic approaches in conservation biology: a review.* Biological Conservation 159: 539-547.
(3) **Martínez-Abraín, A. y Jiménez, J.** (2016). *Anthropogenic areas as incidental substitutes for original habitat.* Conservation Biology 30: 593-598.
(4) **Rosenzweig, M. L.** (2003). *Win-win ecology: how the Earth's species can survive in the midst of human Enterprise.* Oxford University Press Inc., New York.
(5) **Ríos-Saldaña, C., Delibeś-Mateos, M. y Ferreira C.C.** (2018). *Are field work studies being relegated to second place in conservation science?* Global Ecology and Conservation 14: e00389.
(6) **Damasio, A.** (2010). *Y el cerebro creó al hombre.* Black Print CPI, Barcelona.

AGRADECIMIENTOS

Capítulo 3
Juan Jiménez y Pilar Santidrián comentaron un borrador del artículo. Pedro Galán me facilitó un informe inédito sobre la herpetofauna de Corrubedo.

Capítulo 4
Juan Jiménez y Vicente del Toro leyeron críticamente un borrador del texto.

Capítulos 8 y 9.
Pedro Galán comentó sendos borradores de estos artículos.

Capítulo 10
Daniel Oro comentó un borrador del trabajo, aunque cualquier error que contenga el artículo es sólo atribuible a mi estulticia.

Capítulo 13
A Jaume Terradas, por revisar el trabajo. A Vittorio Baglione, por revisar un borrador del manuscrito.

Capítulo 14
A Marta Vila, por su apoyo bibliográfico y a Vittorio Baglione por revisar y mejorar un borrador de este artículo.

Capítulo 18
Pilar Santidrián comentó un borrador del artículo.

Capítulo 19
Estoy en deuda con Pedro Galán por revisar un borrador de este artículo. La foto que lo ilustra también es suya.

Capítulo 22
Marta Vila y José Manuel Igual comentaron un borrador de este artículo. Admiro el tino de Marta para encontrar siempre la bibliografía más relevante sobre cualquier tema.

Capítulo 28
José Manuel Igual y Marta Vila leyeron y comentaron un borrador del artículo.

Capítulo 30
Carlos Herrera, Daniel Oro, Rafael Serra, Juan Jiménez y Pilar Santidrián revisaron un borrador de este artículo. A ellos mi enorme agradecimiento por tantos ratos de complicidad e inspiración compartida.